基于KVM的桌面云服务端I/O虚拟化解决方案研究

邢静宇 著

电子科技大学出版社

University of Electronic Science and Technology of China Press

图书在版编目（CIP）数据

基于KVM的桌面云服务端I/O虚拟化解决方案研究 /
邢静宇著. -- 成都：电子科技大学出版社, 2019.10
ISBN 978-7-5647-7450-9

Ⅰ.①基… Ⅱ.①邢… Ⅲ.①虚拟处理机–研究
Ⅳ.①TP338

中国版本图书馆CIP数据核字(2019)第243066号

基于 KVM 的桌面云服务端 I/O 虚拟化解决方案研究

邢静宇　著

策划编辑　　陈松明

责任编辑　　李述娜

出版发行　电子科技大学出版社

　　　　　成都市一环路东一段159号电子信息产业大厦九楼　邮编　610051

主　　页　www.uestcp.com.cn

服务电话　028-83203399

邮购电话　028-83201495

印　　刷　定州启航印刷有限公司

成品尺寸　170mm×240mm

印　　张　13

字　　数　250千字

版　　次　2019年10月第一版

印　　次　2019年10月第一次印刷

书　　号　ISBN 978-7-5647-7450-9

定　　价　58.00元

摘　　要

　　随着各行业信息化的普及，很多企业和高校的电脑终端数量都在快速增加。然而普通 PC 模式安全性低、数据零散、难于管理、维护工作量大等问题已经变得日益突出，而桌面云服务端就是解决这些问题的重要方式之一。

　　桌面虚拟化，其核心思想就是采用"集中计算，分布显示"的原则，通过虚拟化技术，将所有客户端的运算统一在数据中心服务器端内集中处理，而桌面用户采用瘦客户端的方式，仅负责输入输出与界面显示，不参与任何计算和存储。虚拟化桌面作为云计算的一种重要应用方式，将用户的桌面应用环境和显示终端进行解耦。一方面使得用户可以随时随地获取到自定制的个人桌面环境，另一方面通过虚拟化技术将所有用户桌面环境交由企业数据中心进行集中处理，可以大大减少企业的信息管理成本。

　　在虚拟化技术实现中，外设资源是有限的，当虚拟化技术遇到 I/O 瓶颈时，服务器 CPU 就会空闲下来等待数据，计算效率会大大降低。也就是说，I/O 瓶颈最终会拖累其他资源虚拟化所带来的资源使用效率的提升。所以虚拟化也必须扩展至 I/O 系统，在工作负载、存储以及服务器之间进行动态平衡。通过缓解服务器 I/O 潜在的性能瓶颈，服务器才能够承载更多的工作负载并提升其性能。

　　本文从分析桌面虚拟化的基本架构入手，深入研究了 CPU 虚拟化、内存虚拟化、网络虚拟化、I/O 虚拟化等实现技术，基于内核级虚拟化管理 Module KVM，借助于虚拟化软件 QEMU 进行虚拟化各功能模块的搭建与配置。

　　然后，本文针对构建桌面云服务端的关键技术，包括桌面显示协议的选择和使用，云图像传输过程中的边缘检测算法，虚拟桌面的安全机制进行研究，以支持桌面云服务端虚拟化的设计与实现。在虚拟资源的分配与优化方面，本文在内存管理和网络管理两方面给出详细的分配与管理策略，针对内存的信息管理给出了内存平衡策略；也对网络虚拟化部署成本和通信成本给出了资源部署方案。

　　在桌面云 I/O 虚拟化解决方案设计中，本文进行了声卡显卡的虚拟化设计，并通过对 Libvirt 虚拟化环境管理 API 进行二次开发，构建了虚拟化资源池，并对虚拟化桌面云进行了包括网络、内存等的 I/O 性能分析，同时也为实现服务器端集群的负载均衡，进行了虚拟机的调用和动态迁移的性能分析。

最后，在虚拟机资源优化放置和动态迁移的理论研究基础上，本文实现了桌面服务端平台的设计与开发，并在高性能计算集群上进行部署、安装虚拟机镜像，完成了桌面云的快速安装与构建。

基于桌面虚拟化技术，用户可以在任何时间、任何地点使用终端设备，通过网络获取属于自己的桌面环境。本文采用 KVM，QEMU，SPICE 和 Libvirt 等技术为桌面虚拟化架构提供了良好的解决方案，并在高校机房中通过实际应用验证了桌面虚拟化架构具有的实用价值。

虚拟化技术使得"桌面云"以虚拟机的方式呈现，这项技术能够降低互联网公司的运营成本，同时还具有占用资源少，可快速部署，易于维护等多项优点，有助于推动互联网公司的长期发展，并对大规模虚拟机的管理和使用，大量虚拟资源的调度、配置和管理的研究都意义重大。

关键词：云计算；KVM；网络虚拟化；动态迁移；Libvirt

目 录

第一章　绪论

1.1　研究背景与意义

随着信息技术和网络技术的持续发展，一种新兴的计算模式——云计算，逐渐走进我们的生活当中。计算的奠基人 John Mc Carthy 曾预言："计算力有一天可能成为如同水电一般的公共设施[1]"，云计算的出现与发展让这个预言慢慢成为现实。如今，云计算带来了一场信息技术的革命，同时也演化成一种新兴的商业模式。

云计算允许消费者和企业在任何时间任何地点，只要可以访问互联网就可以使用应用程序，查看用户文件而不需要安装过程。用户或者企业可以通过云计算技术来进行高效的计算和数据的集中存储，可以动态的按需和可度量的方式得到云服务。通过互联网这个范围广阔的载体，用户可以利用各种各样的终端（如 PC、平板电脑、智能手机甚至于智能电视）得到计算资源或者云服务。

云计算具有如下几个特征：

（1）按需分配的自助化服务。用户可以在需要的时候，无须云供应商的参与，自助地按需租赁并使用云供应商提供的网络、服务器、存储等资源。

（2）泛在化网络接入。用户通过基于网络的标准机制，利用各种异构的终端设备——如智能手机、PC、平板等——随时随地访问云供应商提供的各种资源。

（3）共享资源池化。云供应商利用虚拟化技术，将其提供的资源共享给多个用户使用，但所分配资源的具体放置位置、资源管理方法以及采用的资源分配策略对用户而言是透明的。

（4）快速弹性服务。用户可以根据自身的业务需求快速地从云供应商申请获得所需资源，当需求改变的时候可以动态地增加或释放占用的资源。对用户而言，云供应商好像能够提供"无限的"资源能力。

（5）可评测量化的服务。云供应商可以评测量化用户对资源的使用情况，并按照用户对资源的使用量收取费用，资源可以被监测、控制和优化。

由于具有上述五个特征，使得云计算的概念在被提出之初就得到了学术界和工业界的广泛关注。用户只需连上互联网就可以快速便捷地使用云供应商提供的各种计算机资源，即实现了"互联网即计算机"的构想。简言之，云计算提供的强大计算功能，能够使全球任何地方的任何人通过互联网分享各种数据信息。目前的云计算服务供应商主要提供基础设施即服务（IaaS）、平台即服务（PaaS）、软件即服务（SaaS）等服务类型。其中，IaaS 提供低成本和高可靠性的硬件基础设施服务，可以为用户按需提供网络、服务器或虚拟机等资源。PaaS 提供应用程序的软件技术开发、以及管理服务运营的能力。SaaS 提供软件的在线租用服务，即把传统个人 PC 使用的桌面应用程序软件迁移到互联网，实现了软件的泛在访问功能。

目前，越来越多的 IT 公司都开始提供各种云计算服务，例如谷歌的 GoogleAppEngine、微软的 WindowsAzure、以及亚马孙的 EC2 和 S3 等。此外，阿里、百度、华为、浪潮等许多国内的 IT 公司也纷纷加入云计算市场，而且提供的云服务在业务范围和技术创新上都在不断地扩张和提速。图 1-1 为中国信息通信研究院在 2016 年 9 月发布的《云计算白皮书（2016 年）》中提供的，以 IaaS、PaaS、SaaS 为代表的典型云计算服务市场规模的数据图。从图示结果可以看出，在近三年内全球云计算市场总体呈平稳增长趋势，在 2015 年全年中，以 IaaS、PaaS、SaaS 为代表的典型云计算服务的市场规模已经高达 500 多亿美元，与 2014 年相比增长了 20% 以上，并且未来几年将延续这种增长势头，预计到 2020 年全球云计算市场规模将突破 1400 亿美元 [2]。

虚拟化技术，作为云计算技术中的核心技术之一，在经过服务器虚拟化行业的不断发展之后，开始应用于桌面虚拟化领域。KVM 中文全称为内核虚拟机，是 Kernel-based Virtual Machine 的简称，是一个开源的系统虚拟化模块，自 Linux 内核 2.6.20 版本之后集成在 Linux 的各个主要发行版本中。KVM 是 Linux 完全原生的全虚拟化解决方案。KVM 目前设计为通过可加载的内核模块，支持广泛的客户机操作系统，比如 Linux、BSD、Solaris、Windows 等。

图 1-1　全球云计算市场规模及其增长率

虚拟化技术在计算机领域已经存在了 40 多年，它提供了一种充分利用大型机资源的一种有效方式，但随着 PC 硬件设备成本的降低和性能的提升，这项技术受到的关注逐渐消退。但是事物总是在相对中发展，随着硬件性能的提升，数据中心的规模、能耗和管理成本逐渐提高，但资源利用率低下，这种情况下，如何合理提高资源利用率并且进一步降低运营成本是很多管理人员必须要考虑的问题。虚拟化技术这一曾经被冷落的技术重新走进人们的视野，日益成熟的硬件更是促进了虚拟化技术的大规模发展，同时虚拟化技术也展示了其无与伦比的优势。

1.2　国内外研究现状

虚拟桌面架构 VDI（Virtual Desktop Infrastructure）最早由 Vmware 提出，是指能够实现桌面系统的动态访问与数据中心统一托管的技术。简单来说，它能带来的就是通过位图流传输协议将远程桌面推送到各种终端上，然后用户可以在瘦客户端、笔记本、PC、iPad 等终端上进行灵活安全的访问，而计算和数据都存放在服务器上。

桌面虚拟化技术产生和发展于不同的领域，是指将计算机的桌面进行虚拟化，以达到桌面使用的安全性和灵活性，其目标是可以通过任何设备，在任何地点，任何时间访问在网络上的属于我们个人的桌面系统。桌面虚拟化采用"集中计算，分布显示"的原则，在后端借助服务器虚拟化技术构造桌面资源池，将所有客户端的运算合在一起交由数据中心进行集中处理，而桌面用户采用瘦客户端或者是专用小型机的方式接入资源池获取桌面，瘦客户端仅负责输入输出与界面显示，不参与任何的计算和应用。

基于桌面虚拟化技术，使用虚拟桌面或者虚拟桌面应用取代传统的 PC，按需配置和购买物理资源和软件应用，将能以更低的成本获取更好的服务和使用体验。

云计算技术的不断发展给桌面即服务（Desktop as-a Service，DaaS）带来了很多机遇，它具有传统桌面不具备的一些优势。首先，它延长了客户端硬件的使用寿命。用户在本地只需要很少的计算资源即可获得由远程桌面提供的强大计算能力，不需要周期性的更新来满足系统和软件的需求。其次，它增加了桌面系统的使用灵活性。所有的操作系统都部署在云端，用户获取远程桌面的方式不仅仅是 PC，而是可以在任何形式的终端上获取到自己的远程桌面，可以是瘦客户端，也可以是手持终端如手机、平板电脑。再次，它是一种绿色的计算方式，减少了硬件更迭造成的大量电子垃圾，同时也减少了大量的能源消耗和二氧化碳的排放。

近几年来，虚拟化技术的发展和完善，使云桌面产品越来越丰富，许多国内外企业对其进行了研发和推广。云桌面系统可以依据不同的分类标准进行适当地划分，其中最普遍的划分标准是基于应用软件是否重构，据此可以分为两大类：一是原生应用云桌面系统，二是重构应用云桌面系统。第一种是基于应用软件虚拟化技术，一般采用 C/S 结构，给用户提供已经存在的应用服务；第二种是在已有的应用软件中进行重构或者重写，一般采用的是 B/S 结构，给用户提供一个虚拟环境。

随着虚拟化技术的发展，桌面虚拟化技术在中国得到迅速的推广，企业对于桌面虚拟化有了更多的认识也不断投入精力。国内外的一些高校和企业都进行了大量关于虚拟化技术和云计算方面的研究，大批企业和学校都采用了桌面虚拟化技术。

中山大学的赖广达等提出了应用虚拟化的架构 [3]，其提供给远程用户的是一个桌面应用，而不是一个完整的桌面，远程提供给客户端，同时终端平台与运行应用程序的平台是无关的。黄志成[4]探讨了在高校实验室机房中的应用和部署OpenStack。付印金等研究虚拟桌面存储优化技术[5]，通过对重复数据删除并进行I/O优化可以获得较快的启动速度。张荣高[6]基于Vmware View实现了实验性的桌面云，其架构基础是VMware View，由ESXi、v Center和Connection服务器共同构成。

国内外已经有较多公司在云桌面产品中占据优势地位，如国外的VMware、Citrix、IBM、Amazon公司等；国内以阿里云以及华为云等为代表的公司在国内也具有巨大的影响力。像WMware的VMwareView和Citrix的XenDesktop，多数供应商的产品都采用了虚拟桌面基础架构（VDI）方式。尽管其虚拟化核心技术不同，这两类产品都是在服务器端为每个用户创建专有的虚拟机，并在虚拟机中配置和安装用户所需要的相应操作系统、应用软件和运行环境，然后通过桌面传输协议将虚拟机的桌面传送给用户。VMwareView和XenDesktop都属于第一类的原生应用云桌面系统。当然市场上也存在第二类的重构应用云桌面系统，主要呈现为网络操作系统（WebOS，Web-based Operating System）的形式。但限于用户体验不佳和缺乏有力的运营方式，很多早期的网络操作系统已经停止运营或转型到其他服务，如pc2n、EyeOS、WebQQ等。本小节以市场上流行的云桌面产品为切入点，分别介绍了VMware、Citrix、阿里巴巴云桌面和网络操作系统。以此为媒介来展现国内外云桌面行业的研发现状。

下面对国内外各公司的云桌面产品及其发展情况进行概述：

（1）VMware

VMware，在提供云计算和虚拟化的软件和服务方面一直处于全球领先地位。它的开发了桌面虚拟化产品VMware View系列。该系列的后台架构建立在功能完善且强大的VMware vSphere虚拟机管理平台上，结合用户端的VMware Thin App将虚拟桌面交付给用户。

VMware View的远程访问协议使用PCoIP协议，在延迟增加以及带宽降低方面，该协议可以进行有效的应对。因此，在任何网络环境中，该协议都可以极大的满足用户需求，带来了较好的用户体验，特别是对图像、音频和视频内容的交付等。当用户需要登录View Connection Server时，只需要开启View Client即可。这个服务器和Windows Active Directory有效的集成在一起，用户通过它可以方便地对其他服务器代管的虚拟桌面进行访问，其架构图如图1-2所示。

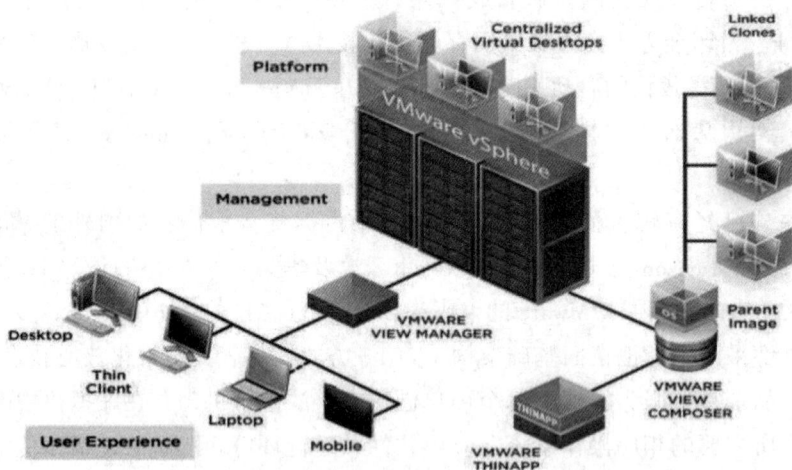

图 1-2　VMware View 架构示意图

尽管如此，限于 vSphere 虚拟机管理系统的性能，其虚拟化的系统中往往携带了大量与应用软件无关的数据，这造成了大量的资源浪费和成本提高等问题。而且作为 VMware 公司的服务器虚拟化产品，vSphere 并不是免费的开源软件，难以进行特殊功能定制。若采用需要付出高额的使用费，这对很多中小型和有特殊需求的企业来说一道难以逾越的障碍。

（2）Citrix

Citrix 公司近些年来，在云计算虚拟化以及远程接入技术等方面发展速度非常快，有很多的核心技术。著名的 MicrosoftRDP，远程显示协议（Remote Display Protole）就是由 Citrix 公司进行开发后售卖给 Microsoft 的。而 Citrix 自己则开发了功能更强大且稳定的 ICA 协议。在虚拟桌面领域，Citrix 推出的 XenDesktop 深受全球商业巨头们的信赖。在 XenDesktop 方案中，采用 XenServer 作为服务器虚拟化平台，Xen 技术被广泛看作是业界最快速、最安全的虚拟化软件。桌面的远程传输方面，不仅有 ICA，Citrix 还创新性的将高清使用体验[7]（High Definition Experience，简称 HDX）与 ICA 进行了整合，改善了用户在低带宽、高延迟网络条件下使用多媒体、实时协作、USB 外设和 3D 图像的应用体验。XenDesktop 对于带宽的需求相对于其他虚拟桌面方案减少了近 90%[8]。

XenDesktop 只需采用一种解决方案便可以使用户的各种需求得到满足，这主要得益于其融合了思杰独有的 FlexCast™交付技术[9]。以 IT 部门为例，当使用

FlexCast 时，为了使每一个用户的性能需求得到满足，可以针对每个用户专门定制虚拟桌面。因此用户可以通过任何设备灵活地访问他们的桌面。

（3）阿里云

阿里云（www.aliyun.com）最早是由阿里巴巴公司在 2009 年建立，目前在云计算以及人工智能领域已经取得了很大的发展，能够为政府部门、软件开发者以及企业等提供服务支持，覆盖范围遍及世界 200 多个国家或地区，具有国际领先水准。阿里云一直以提供在线公共服务为自己的原则，为用户提供安全、适用的数据处理和计算方式，真正使人工智能造福于广大用户。如今，阿里云已经在全世界建立了诸多绿色数据中心，典型的就是建立了超过 200 个飞天数据中心，基于最底层的飞天操作系统，不仅可以让用户体验全世界独一无二的混合云，还为实现万物互联贡献了巨大力量。阿里云还提供中、英、日三种语言支持。以往春运抢票难是众所周知的问题，阿里云在 2014 年春运前半个月，给 12306 网站提供了技术服务，以此来分担春运流量暴增带来的压力，同类的案例还有淘宝双十一等。

（4）网络操作系统（WebOS）

随着移动终端、个人 PC 等用户终端的发展，在 HTML5 等新型 Web 技术和云计算随时随地获取服务的需求驱动下，WebOS 应运而生，它是一种全新的网络资源使用模式，通常表现为 B/S 模式，用户使用浏览器登录到虚拟桌面上，就可以通过互联网使用 WebOS 中提供的各种应用软件。用户无须在个人终端配置安装任何客户端软件，只需要使用自己的浏览器即可，让用户摆脱了存储空间的限制。但网络操作系统要求将传统应用软件进行重写，这大大地提高了产品的开发成本，阻碍了同类产品的发展。

2009 年 9 月 15 日，腾讯公司的 WebQQ 正式上线，随着版本的更新，WebQQ 更名为 Q+Web，它是基于 Web 浏览器的 IM 服务，不需要下载客户端既可使用网页方式获取基本的 IM 服务，旨在为用户打造一站式服务，为用户建造随心所欲的在线生活。用户可通过 WebQQ 使用丰富的应用服务，如聊天、邮件服务、听音乐、搜索、在线编辑文档等。

通过对以上产品的的研究开发现状介绍对比可以发现一下问题：VMware、Citrix 等传统大企业仍然采用 VDI 作为它们桌面虚拟化产品的主流解决方案。在此类产品中，用户使用自己熟悉的应用软件，用户体验较好，但其虚拟化成本更大，且需要安装客户端；网络操作系统更便于用户的随时随地登录，无须在本地安装任何客户端应用，但网络操作系统需要对每一个应用软件进行重写，增加了开发的难度和复杂度。

1.3 主要研究工作

本文基于 KVM 虚拟化实现技术，在虚拟机资源优化放置和动态迁移的理论研究基础上，给出了服务端 I/O 虚拟化解决方案，实现了桌面服务端平台的设计与开发。在用户体验方面，优化图像数据传输效率，压缩网络传输流量，大大提升桌面云运行速度，并可支持 1080P 高清视频播放。在部署复杂度方面，创建虚拟 PC 的时间在 10S 内，大规模部署上百个虚拟机的时间在半个小时之内，无须部署 Windows 域，支持远程部署和一键安装。缩短了 90% 虚拟桌面云上线周期，管理员可通过图形化后台系统进行一键式的管理、维护平台中各种虚拟资源，减少运维成本。在安全性上，使用具有高安全性的 FTC 传输协议，保证数据不被窃取，云平台的数据存储全部经过加密算法处理。云终端接入时有安全认证功能，平台配置有网络过滤、外设管控等集中式安全性功能，保证桌面云的整体安全性。

本文从分析桌面虚拟化的基本架构入手，深入研究了 CPU 虚拟化，内存虚拟化，网络虚拟化，I/O 虚拟化等实现技术，基于内核级虚拟化管理 Module KVM，借助于虚拟化软件 QEMU 进行虚拟化各功能模块的搭建与配置。并最终实现桌面云的管理系统，并在高性能计算集群上进行部署、安装虚拟机镜像，完成桌面云的安装与构建。

基于 KVM 的虚拟化云桌面方案有如下几点优势：

（1）建设成本低廉

虚拟化云桌面是通用企业云平台，高校、教育行政机构统一建设和运维，各单位不再需要购买、构建和维护基础设施和应用程序，减少重复投入，大大节省建设和运营成本。这样也有利于集中管理，便于运营维护，最终也将增强信息安全。

（2）业务模式灵活

传统的信息化应用系统独立建设，当业务受政策影响，业务模式和流程发生变化时，各机构的应用系统都不得不做相应的调整。而本项目中的云解决方案的统一信息化平台可以根据业务需求的变化统一部署，可以实现灵活、快速、准确的业务需求。

（3）系统架构开放

虚拟化云桌面利用大量的具有自主知识产权的中间件，以实现数据转换、增量更新等先进功能，可以支持各种数据规范和广泛的数据源，具有良好的跨平台性和开放性，可与应用系统实现无缝连接，以满足根据不同的学校和教育机构的不同需求。

（4）用户数据安全

虚拟化云桌面为了保证用户私用数据的安全性，采用了以下技术手端：第一，对云终端外设的接入进行了精细的管控，分权限和级别对终端用户的操作加以检测和控制。第二，云平台对其中运行的虚拟机的网络行为进行各种检测和过滤，根据当前的场景和用户的权限对虚拟机的网络访问给予屏蔽和限制。第三，FTC 图像传输协议在对性能进行优化的同时，对传输的数据进行了加密，保证云终端与平台通信的过程中不会被恶意截获和攻击，加密的 FTC 协议保证了云端客户机系统的安全和稳定。

1.4　章节安排

本书在结构上总共分为十章，现将各章的主要内容进行概括：

第一章　绪论。本章首先介绍了桌面云及虚拟化研究的背景意义，然后总结分析了桌面云系统及虚拟化技术在国内外的研究现状；然后阐述了本书籍主要的研究工作；最后对书籍的组织结构进行介绍。

第二章　虚拟化与桌面云理论综述。本章主要介绍了对虚拟化的概念，云计算与虚拟化的关系，目前的虚拟化平台，桌面云的体系架构进行研究性论述。

第三章　虚拟化实现技术研究。在虚拟化技术中，本章首先研究系统虚拟化架构，然后对 CPU 虚拟化实现技术，I/O 虚拟化中涉及的实现技术，包括内存虚拟化实现技术、网络虚拟化实现技术进行分析和确认。

第四章　基于 KVM 的虚拟化功能模块配置。本章介绍了基于 KVM 和 QEMU 对虚拟机进行核心功能模块的配置研究，包括 virtio，设备直接分配等，并通过 QEMU Monitor 进行监控查看。

第五章　构建桌面云服务端的关键技术。本章集中介绍了构建桌面服务端的关键技术，包括基于 SPICE 的桌面显示协议的选择和使用，云图像边缘检测算法的实现，并给出了虚拟桌面的安全机制威胁与防范措施。

第六章　桌面云 I/O 虚拟化解决方案设计。本章首先从虚拟机内存方面，进行虚拟资源分配与优化的策略分析，给出虚拟机内存平衡策略；然后从虚拟机调度方面，通过对虚拟机动态迁移实现服务器负载均衡；最后针对桌面云 I/O 虚拟化解决方案给出设计，包括网络资源的虚拟化和虚拟化资源池的构建。

第七章　系统性能效果分析。本章对服务器端虚拟机的性能进行分析，并在同构节点集群中进行负载均衡的动态迁移的策略分析。

第八章　桌面云服务端的实现。本章实现了桌面云服务器管理平台，部署并进行搭建，完成桌面云服务端的开发。

第九章　结论。总结本文的主要工作，并分析未来的虚拟化的发展趋势和应用。

第二章　虚拟化与桌面云理论综述

2.1　虚拟化概述

虚拟化是云计算实现的一个环节，虚拟化有很多种，从虚拟硬件模块来分可以分为存储虚拟化，网络虚拟化等。从虚拟操作系统层面来分可以分为桌面虚拟化，服务器虚拟化等。从虚拟应用程序方面来看还有应用程序虚拟化。

存储虚拟化是对存储硬件资源进行抽象化表现。存储虚拟化，可以将异构的存储资源组成一个巨大的"存储池"，对于用户来说，不会看到具体的磁盘、磁带，也不必关心自己的数据经过哪一条路径通往哪一个具体的存储设备，只需要使用存储池中的资源即可。从管理的角度来看，虚拟存储池可以采取集中化的管理，可以由管理员根据具体的需求把存储资源动态地分配给各个应用。

网络虚拟化一般是让一个物理网络能够支持多个逻辑网络，虚拟化保留了网络设计中原有的层次结构、数据通道和所能提供的服务，使得最终用户的体验和独享物理网络一样，同时网络虚拟化技术还可以高效地利用网络资源如空间、能源、设备容量等。

桌面虚拟化是将计算机的终端系统（也称作桌面）进行虚拟化，以达到桌面使用的安全性和灵活性。可以通过任何设备，在任何地点，任何时间通过网络访问属于我们个人的桌面系统。

服务器虚拟化是将服务器物理资源抽象成逻辑资源，让一台服务器变成几台甚至上百台相互隔离的虚拟服务器，我们不再受限于物理上的界限，而是让 CPU、内存、磁盘、I/O 等硬件变成可以动态管理的"资源池"，从而提高资源的利用率，简化系统管理，实现服务器整合，让 IT 对业务的变化更具适应力。

应用程序虚拟化是将应用程序与操作系统解耦合，为应用程序提供了一个虚拟的运行环境。在这个环境中，不仅包括应用程序的可执行文件，还包括它所需要的运行时环境。从本质上说，应用虚拟化是把应用程序从对低层系统和硬件的依赖中抽离出来，进而实现解耦操作系统的虚拟化。

2.1.1　云计算概念及其体系结构

（1）云计算概念

云计算（Cloud computing）是最近几年提出来的一个信息科技领域的概念，在2006年，Google 推出了"Google 101 计划"，正式提出了"云"的概念和理论，"云计算"也是由 Google 提出的一种网络应用模式。

狭义的云计算是指 IT 基础设施的交付和使用模式，指通过网络以按需、易扩展的方式获得所需的 IT 基础设施。云计算厂商通过分布式计算和虚拟化技术搭建数据中心或超级计算机，以免费或按需租用的方式向技术开发者或者企业用户提供数据存储、分析以及科学计算等服务，如亚马孙（Amazon）的弹性计算云。亚马孙通过提供弹性计算云，满足了小规模软件开发人员对集群系统的需求，减小了维护负担。其收费方式相对简单明了，用户使用多少资源，只需为这一部分资源付费即可。

广义的云计算是指服务的交付和使用模式，指通过网络以按需、易扩展的方式获得所需的服务。这种服务可以是 IT 和软件、互联网相关的，也可以是任意其他的服务，它具有超大规模、虚拟化、可靠安全等特性。厂商通过建立网络服务器集群，向各种类型的客户提供在线软件服务、软件租借、数据存储、计算分析等不同类型的服务。

在 Google 正式提出了"云"的概念后，亚马孙、微软、IBM 几大公司巨头也都宣布了自己的"云计划"，在全球各大 IT 巨头的努力推动下，近两年来，云计算在全球获得了飞速发展，并日益成为信息化建设领域的一大热点和未来趋势。

但是，云计算作为一个快速发展中的概念，并没有一个具体的，统一的定义。可以说，云计算是网格计算、分布式计算、并行计算、效用计算、网络存储、虚拟化、负载均衡等传统计算机技术和网络技术发展融合的产物。它通过网络把多个成本相对较低的计算实体整合成一个具有强大计算能力的完美系统，并借助 SaaS（Software as a Service，软件即服务）、PaaS（Platform as a Service，平台即服务）、IaaS（Infrastructure as a Service，基础架构即服务）等先进的商业模式把这强大的计算能力分布到终端用户手中。

（2）云计算体系结构

为了便于理解云计算的体系结构，先按照下面的划分方式介绍一下云计算的类别。

第一种，IaaS，Infrastructure as a Service，基础架构即服务。IaaS通过互联网提供了数据中心、基础架构硬件和软件资源。IaaS可以提供服务器、操作系统、磁盘存储、数据库和信息资源。最高端IaaS的代表产品是亚马孙的AWS（Elastic Compute Cloud），不过IBM、VMware和惠普以及其他一些传统IT厂商也提供这类的服务。IaaS通常会按照"弹性云"的模式引入其他的使用和计价模式，也就是在任何一个特定的时间，都只使用你需要的服务，并且只为之付费。

第二种，PaaS，Platform as a Service，平台即服务。PaaS提供了基础架构，软件开发者可以在这个基础架构之上建设新的应用，或者扩展已有的应用，同时却不必购买开发、质量控制或生产服务器。Salesforce.com的Force.com、Google的App Engine和微软的Azure（微软云计算平台）都采用了PaaS的模式。这些平台允许公司创建个性化的应用，也允许独立软件厂商或者其他的第三方机构针对垂直细分行业创造新的解决方案。

第三种，SaaS，Software as a Service，软件即服务。SaaS是最为成熟、最出名，也是得到最广泛应用的一种云计算。大家可以将它理解为一种软件分布模式，在这种模式下，应用软件安装在厂商或者服务供应商那里，用户可以通过某个网络来使用这些软件，通常使用的网络是互联网。这种模式通常也被称为"随需应变（on demand）"软件，这是最成熟的云计算模式，因为这种模式具有高度的灵活性、已经证明可靠的支持服务、强大的可扩展性，因此能够降低客户的维护成本和投入，而且由于这种模式的多宗旨式的基础架构，运营成本也得以降低。Salesforce.com、NetSuite、Google的Gmail和SPSCommerce.net都是这方面非常好的例子。

IaaS、PaaS和SaaS之间的区别并不是那么重要，因为这三种模式都是采用外包的方式，减轻企业负担，降低管理、维护服务器硬件、网络硬件、基础架构软件或应用软件的人力成本。从更高的层次上看，它们都试图去解决同一个商业问题——用尽可能少甚至是为零的资本支出，获得功能、扩展能力、服务和商业价值。当某种云计算的模式获得了成功，这三者之间的界限就会进一步模糊。成功的SaaS或IaaS服务可以很容易地延伸到平台领域。

一般来说，云计算能够分为IaaS、PaaS和SaaS三种不同的服务类型，而不同的厂家又提供了不同的解决方案，到目前为止并没有一个统一的技术体系结构，对读者了解云计算的原理构成了障碍。在此，通过综合不同厂家的方案，构造了一个供商榷的云计算体系结构。

云计算技术体系结构分为 4 层：物理资源层、资源池层、管理中间件层和 SOA（Service-Oriented Architecture 面向服务的体系结构）构建层，如图 2-1 所示。

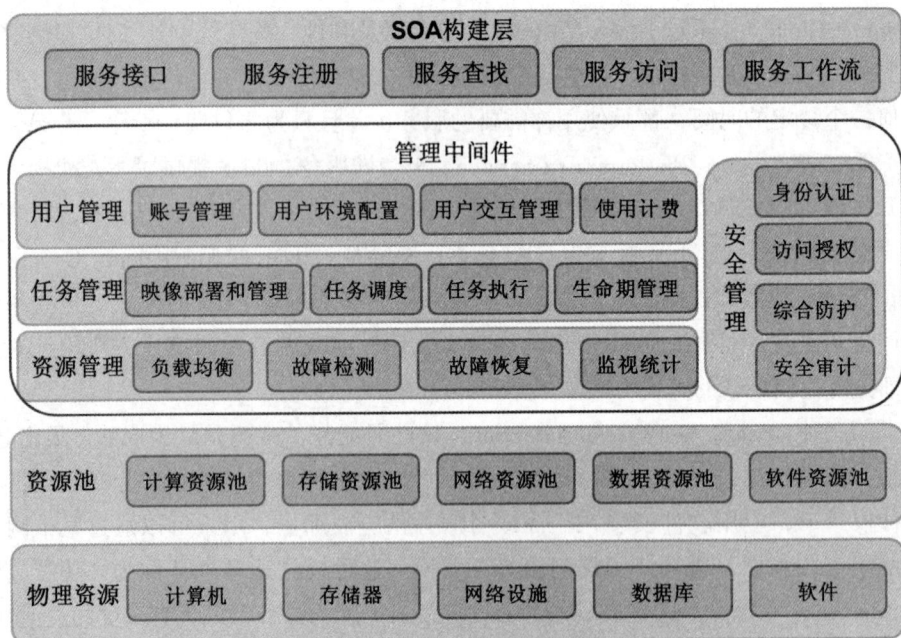

SOA构建层

| 服务接口 | 服务注册 | 服务查找 | 服务访问 | 服务工作流 |

管理中间件

用户管理	账号管理	用户环境配置	用户交互管理	使用计费		身份认证
任务管理	映像部署和管理	任务调度	任务执行	生命期管理	安全管理	访问授权
资源管理	负载均衡	故障检测	故障恢复	监视统计		综合防护
						安全审计

资源池

| 计算资源池 | 存储资源池 | 网络资源池 | 数据资源池 | 软件资源池 |

物理资源

| 计算机 | 存储器 | 网络设施 | 数据库 | 软件 |

图 2-1 云计算的体系结构

物理资源层包括计算机、存储器、网络设施、数据库和软件等。

资源池层是将大量相同类型的资源构成同构或接近同构的资源池，如计算资源池、数据资源池等。构建资源池更多是物理资源的集成和管理工作，例如研究在一个标准集装箱的空间如何装下 2000 个服务器、解决散热和故障节点替换的问题并降低能耗。

管理中间件层负责对云计算的资源进行管理，包括资源管理、任务管理、用户管理和安全管理等工作，并对众多应用任务进行调度，使资源能够高效、安全地为应用提供服务。其中资源管理负责均衡地使用云资源节点，检测节点的故障并试图恢复或屏蔽之，并对资源的使用情况进行监视统计；任务管理负责执行用户或应用提交的任务，包括完成用户任务映象（Image）的部署和管理、任务调度、任务执行、任务生命期管理等等；用户管理是实现云计算商业模式的一个必不可少的环节，包括提供用户交互接口、管理和识别用户身份、创建用户程序的执行环境、对用户的使用进行计费等；安全管理保障云计算设施的整体安全，包括身份认证、访问授权、综合防护和安全审计等。

SOA 构建层将云计算能力封装成标准的 Web Services 服务，并纳入到 SOA 体系进行管理和使用，包括服务注册、查找、访问和构建服务工作流等。管理中间件和资源池层是云计算技术的最关键部分，SOA 构建层的功能更多依靠外部设施提供。

2.1.2 虚拟化的基本概念

近些年，"云计算""虚拟化"、Amazon EC2、VMware 这些字眼充斥在各式各样的介质上，好像技术不和这些字眼沾点边，就不是最新的趋势了。其实虚拟化这个技术早就出现在我们的生活中，而"云端""EC2"这些新的名词，更是和虚拟化脱不了关系。

虚拟化是对资源的逻辑抽象、隔离、再分配、管理的一个过程，通常，对虚拟化的理解有广义与狭义两种。广义的虚拟化意味着将不存在的事物或现象"虚拟"成为存在的事物或现象的方法，计算机科学中的虚拟化包括平台虚拟化、应用程序虚拟化、存储虚拟化、网络虚拟化、设备虚拟化等。狭义的虚拟化专指在计算机上模拟运行多个操作系统平台。

其实，一直以来，对于虚拟化并没有统一的标准定义，但大多数定义都包含这样几个方面：

（1）虚拟的内容是资源（包括 CPU、内存、存储、网络等）；

（2）虚拟出的物理资源有着统一的逻辑表示，而且这种逻辑表示能够提供给用户与被虚拟的物理资源大部分相同或完全相同的功能；

（3）经过一系列的虚拟化过程，使得资源不受物理资源限制约束，由此可以带给我们与传统 IT 相比更多的优势，包括资源整合、提高资源利用率、动态 IT 等。

如果从计算机的不同层次入手，来给虚拟化做出一个定义，首先来看一下计算机的服务层级结构，如图 2-2 所示。

服务（Service）

应用程序（Application）

框架库（Framework）

操作系统（OS）

硬件资源（Hardware）

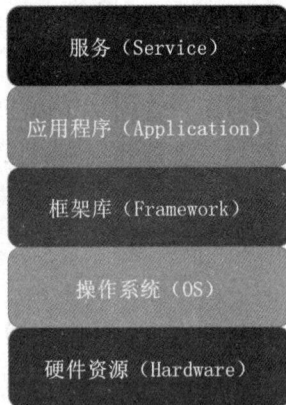

图2-2　计算机的服务层级

在硬件部分，硬件厂家虽然可以用各式各样的新科技来制作先进的产品，但还是得考虑到产品的通用性。以CPU为例，虽然各种CPU厂家都以高速低耗电为主要设计原则，但以信息业来说，还是有几个必须遵守的架构，如Intel架构、PowerPC架构等。这也是硬件厂家在设计时的较少制约。

操作系统的功能很复杂，主要是硬件与上层用户的沟通。举例来说，如果你买了一块新的显示适配器想要玩三维游戏，必须要先安装驱动程序才能发挥硬件的功能及效能。这时操作系统的用处，就是提供游戏和硬件之间沟通的管道（驱动程序），因此没有操作系统的话，硬件和用户之间是被隔离的。

对于框架库而言，大家都有使用IE浏览器的经验，如果你在使用IE时，只将"C:\Program Files\Internet Explorer\iexplore.exe"克隆出来，再拿到另一台电脑使用，这个IE是无法运行的。原因是这个IE在运行时，虽然有运行文件了，但还需要底层的框架提供各种功能。这些框架就是所谓的底层架构（Framework）。这么做的好处是让程序开发人员有一个共通的平台，并且也能确保开发出来的软件能在任何安装Framework的计算机上运行。Java Runtime、Microsoft Framework就是常见的例子。

应用程序就是我们看到单独的软件，如Chrome、Word等。当我们要使用软件时，只要运行该软件的可执行文件就可以。计算机中软件的单位都是可执行文件，再大的软件都有一个代表性的可执行文件。而网页上的软件，则由index.html这一类的首页来给定，或是由Web Server来给定软件的入口点。

软件呈现出来的功能称为服务。一般来说，一个现代的软件服务包括了物理数据（放在数据库系统中）、业务逻辑以及界面（Interface）。用户通过界面，以业务逻辑为工具来操作物理数据，就是一个基本的服务模式。

事实上，这些不同的层级之间与当前的架构是紧紧依赖的。没有软件的话，服务就无法提供给用户；没有Framework，软件就无法运行；没有操作系统的话，就无法安装各式各样的软件和Framework；没有硬件当然就什么都没有了。为了避免层次之间的紧密依赖性，在1960年，就有人引入虚拟化的概念，做法很简单，就是将上一层对下一层的依赖撤销；换句话说，就是将本层的依赖从底层中抽离出来，因此我们定义"虚拟化"的正规说法，可以为"虚拟化，就是不断抽离依赖的过程"。

"虚拟"从字面上看就是"假"的，意味着"本来没有这个东西，但要假装让你觉得有，以达到我们使用的目的"。事实上，这个较白话的解释，就是当前虚拟化的真正实践原则。从不同的层级来给出虚拟化的例子：

（1）服务虚拟化的例子

例如，通常在申请网站时，需要一个域名和对应的IP，但IP不够，因此我们可以利用Web Server中的配置，让多个域名指向一个IP。按照前面的解释，就是"让域名能脱离对IP的依赖"，而另一个解释更清楚，就是"原来没有这么多IP来一对一指向域名，我们就假装有这么多IP对到不同的域名"，因此一个IP可以对多个域名，节省IP的目的就达成了。

（2）软件虚拟化的例子

软件虚拟化的例子最常见的就是可携式软件（或称绿色软件，Portable Software）了。有些软件放在USB随身盘中，带到哪里都可以运行，这种软件和下层Framework的依赖被打破，不需要Framework也可以运行。

（3）Framework虚拟化的例子

让Framework不再受制于操作系统，让这个Framework支持的应用软件都能运行在各式各样的操作系统之上。当前做得最好的应该就是Java Runtime。虽然在不同的操作系统上都要安装不同版本的Java，但不同的操作系统都能运行Java的Runtime算是一个较贴近的例子。

（4）操作系统虚拟化的例子

让操作系统不再依赖硬件，直接可以运行在一个统一的"硬件界面"上，VMware vSphere就是最好的例子。VMware vSphere提供了一个"硬件界面"，让一台服务器上能并发运行多个操作系统，让操作系统都以为"自身在一台物理机器上"。

（5）硬件虚拟化的例子

硬件虚拟化最好的例子就是存储设备的虚拟化。可以将多个硬件组合成一个大存储池，并且依照我们的需要将这个存储池再分割。

2.1.3　虚拟化的目的

虚拟化的起因很简单，就是因为硬件资源的浪费，主要针对的问题就是硬件资源效率的低落。在计算机 CPU 和内存的效能和数量以摩尔定律倍数成长的同时，CPU 和内存在操作系统中的使用效率低落的情况反而加重。所谓的效率低落，就是无法完全发挥 CPU 的完整性能。虽然软件和操作系统的专家不断改良效率，但速度远远比不上 CPU 和内存发展的速度，因此让单个硬件平台运行多个操作系统的观念，成为解决这个问题的最好答案。当前大部分服务器的 CPU 使用率常在 5% 以下，内存更在 30% 以下，因此把多个操作系统放在一台机器中，多少可以让 CPU 的利用率高一些。

虚拟化的主要目的是对 IT 基础设施和资源管理方式的简化，以帮助企业减少 IT 资源的开销，整合资源，节约成本。

从近几年虚拟机大量部署到企业的成功案例可以看出，越来越多的企业开始关注虚拟化技术给企业带来的好处，同时也在不断地审视自己目前的 IT 基础架构，从而希望改变传统架构。根据虚拟化技术的特点，其应用价值可以体现在"云"办公、虚拟制造、工业、金融业、政府、教育机构等方面。

虚拟化解决了当今我们遇到的许多问题，这主要体现在以下 4 个方面：

（1）可以在一个特定的软硬件环境中去虚拟另一个不同的软硬件环境，并可以打破层级依赖的现状。VMware Workstation 就是一款用于虚拟另一个不同的软硬件环境的软件。其运行的主界面如图 2-3 所示。

（2）提高计算机设备的利用率。可以在一台物理服务器上同时安装并运行多种操作系统，从而提高物理设备的使用率。而且，当其中一台虚拟机发生故障时，并不会影响其他操作系统，实现了故障隔离。

（3）在不同的物理服务器之间会存在兼容性的问题。为使不同品牌、不同硬件兼容，虚拟化可以统一虚拟硬件而达到融合的目的。

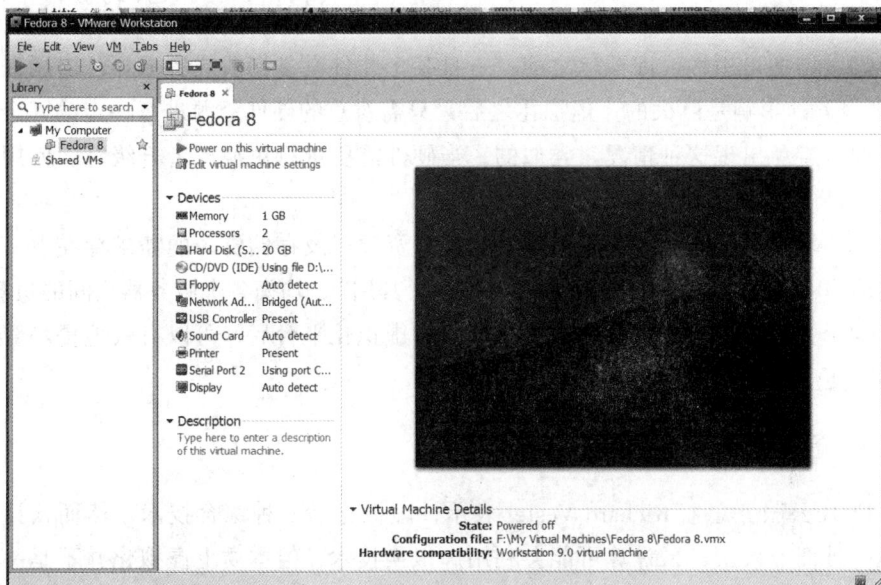

图 2-3　VMware Workstation 主界面

（4）虚拟化可节约潜在成本。在硬件采购、操作系统许可、电力消耗、机房温度控制和服务器机房空间等方面都可体现节约成本的效果，如表 2-1 所示。

表 2-1　虚拟化节约潜在的成本

类别	可节约潜在成本
硬件	不需要为每台服务器或桌面都配置硬件
操作系统许可	可以得到无限的虚拟机许可，从而节省开支
电力消耗	如果每台物理机所消耗的电力是一定的，那么总电力开销不会随着虚拟机规模的增长而增长
机房温度控制	无须添加新的制冷设备
服务器机房空间	虚拟机不是物理机器，所以无须增加数据中心空间

在解决问题的同时，把真实的硬件资源用 Hypervisor 模拟成虚拟的硬件设备有很多好处，这些好处包括：

（1）降低成本。将硬件资源虚拟化后，可以有效提高已有硬件的使用率，减少浪费，从而降低硬件的采购成本与运行时的能耗、管理成本。

（2）增加可用性。虚拟化之前，一旦某个硬件设备崩溃或者损坏，对所提供的 IT 服务的影响是巨大的。虚拟化之后，只需对总的硬件资源进行一定的冗余配置，即可避免出现这种情况。类似的，当硬件需要进行更换或者升级时，使用虚拟化可以让 IT 服务做到无缝对接。

（3）增加可扩展性。应用程序对于计算资源以及存储资源的需求存在着一定的波动，将硬件进行虚拟化后可以做到"物尽其用"，均衡各个服务器之间的负载。

（4）方便管理。在将各个服务器统一到虚拟化平台后，可以有效地提高管理效率，便于发现 IT 服务中的问题和瓶颈。

2.1.4　虚拟化与云计算的关系

EOH 云服务总监 Richard Vester 表示，虚拟化是一种综合技术，然而云计算它是一种商业模型，云计算可能会利用虚拟换技术，但本质上虚拟化并不是一种技术。

首先来看，虚拟化是一个广义的术语，是指计算元件在虚拟而不是真实的基础上运行，是一个为了简化管理，优化资源的解决方案。在电脑运算中，虚拟化通常扮演硬件平台、操作系统（OS）、存储设备或者网络资源等角色。

而云计算是现有技术和模式的演进和采用，云计算是为了让用户能够受益于这些技术而无须去深入了解和掌握它们，旨在降低成本和帮助用户专注于他们的核心业务，而不是让 IT 成为他们的阻碍。

然而，由于来自非 IT 人员（某些董事会）的压力和"虚拟化就是云"这种错误的认知，许多的 IT 机构自吹自擂地说他们已经"迁移到云"。

那么，虚拟化和云计算到底是什么样的关系呢？我们在前面给出了云计算的概念，也给出了虚拟化的概念。可以看出，云计算其实是包含了许多核心技术的概念，比如虚拟化、并行计算、分布式数据库、分布式存储等。其中虚拟化技术是云计算的基石，是云计算服务得以实现的最关键的技术。通过虚拟化技术可以将各种硬件、软件、操作系统、存储、网络以及其他 IT 资源进行虚拟化，并纳入到云计算管理平台进行管理。这样一来，IT 能力都可以转变为可管理的逻辑资源，通过互联网把这些资源像水、电和天然气一样提供给最终用户，以实现云计算的最终目标。

云计算的不断发展是 IT 信息产业发展的一个未来趋势，正如我们的互联网应用的蓬勃发展一样。目前一些 RIA（Rich Internet Applications）客户端应用的迅速发展，开源软件和 HTML5 的不断推广，无疑都是为了为用户提供更好的服务。云计算的提出，是在前人的肩膀上，通过糅合现有的技术，为用户或者企业提供更好的服务的一种新的 IT 模式，因此可以说云计算本身带来的是一种 IT 产业格局的变化。

虚拟化技术是云计算系统的核心组成部分，是将各种计算及存储资源充分整合和高效利用的关键，虚拟化从根本上来说，其目的就是对技术资产的最充分利用。

云计算是为用户提供使用便利，帮助其随时随地获取各种高度可扩展的、灵活的 IT 资源，并按需使用，按使用付费。云计算是一种"一切皆服务"的模式，通过该模式在网络上或"云"上提供服务。

基于云计算的存储产品正在逐渐改变企业经营大量数据的方式。对于那些希望从这些产品中获得最佳回报的企业而言，硬件基础设施要求服务器和存储器完全基于能够提供可扩展性、可靠性和灵活性而设计。尽管云计算和虚拟化并非捆绑技术，但是二者同时使用仍可正常运行并实现优势互补。云计算和虚拟化二者交互工作，云计算解决方案依靠并利用虚拟化提供服务，而那些尚未部署云计算解决方案的公司仍然可以利用端到端虚拟化从内部基础设施中获得更佳的投资回报和收益。

例如，为了提供"按需使用，按使用付费"服务模式，云计算供应商必须利用虚拟化技术。因为只有利用虚拟化，他们才能获得灵活的基础设施以提供终端用户所需的灵活性，这一点对外部（公有或共享的云）供应商和内部（私有云）供应商都适用。

总而言之，我们必须承认虚拟化是云计算中的主要支撑技术之一。虚拟化将应用程序和数据在不同层次以不同的面貌展现，这样有助于使用者、开发及维护人员方便地使用、开发及维护这些应用程序及数据。虚拟化允许 IT 部门添加、减少移动硬件和软件到它们想要的地方。虚拟化为组织带来灵活性，从而改善 IT 运维和减少成本支出。

一旦接受云计算作为总方针来运行业务，通过简化管理流程和提高效率来降低总成本可以为虚拟化平台带来巨大的价值。

云计算和虚拟化是密切相关的，但是虚拟化对于云计算来说并不是必不可少的。云计算将各种 IT 资源以服务的方式通过互联网交付给用户，然而虚拟化本身并不能给用户提供自服务层。没有自服务层，就不能提供计算服务。云计算模型允许终端用户自行提供自己的服务器、应用程序和包括虚拟化等其他的资源，这反过来又能使企业最大程度的处理自身的计算资源，但这仍需要系统管理员为终端用户提供虚拟机。

云计算方案通过使用虚拟化技术使整个 IT 基础设施的资源部署更加灵活。反过来，虚拟化方案也可以引入云计算的理念，为用户提供按需使用的资源和服务。在一些特定业务中，云计算和虚拟化是分不开的，只有同时应用两项技术，服务才能顺利开展。

可以这么说，云计算把计算当作公用资源，而不是一个具体的产品或者是技术。作为一个最为基本的想法，我们可以说云计算是由公用计算的概念演进而来，也可以把云计算想象为把许多不同的计算机当作一个计算环境。

2.2　虚拟化平台研究

2.2.1　基于 KVM 的桌面虚拟化

KVM 是 Kernel-based Virtual Machine 的简称，中文全称为内核虚拟机，是一个开源的系统虚拟化模块，自 Linux 2.6.20 之后集成在 Linux 的各个主要发行版本中。它使用 Linux 自身的调度器进行管理，所以相对于 Xen，其核心源码很少。KVM 目前已成为学术界的主流 VMM 之一。

KVM 最初由一个以色列的公司 Qumranet 开发，为了简化开发，KVM 的开发人员没有选择从底层开始从头写一个新的 Hypervisor，而是选择了基于 Linux 内核，通过在 Linux Kernel 上加载新的模块从而使 Linux Kernel 本身变成一个 Hypervisor。

KVM 的虚拟化需要 CPU 硬件虚拟化的支持（如 Intel VT 技术或者 AMD V 技术），是基于硬件的完全虚拟化。每一个 KVM 虚拟机都是一个由 Linux 调度程序管理的标准进程。但是仅有 KVM 模块是远远不够的，因为用户无法直接控制内核模块去做事情，因此，还必须有一个用户空间的工具才行。

KVM 仅仅是 Linux 内核的一个模块，管理和创建完整的 KVM 虚拟机需要更多的辅助工具。这个辅助的用户空间的工具，开发者可以选择已经成型的开源虚拟化软件 QEMU。在 Linux 系统中，首先可以用 modprobe 系统工具去加载 KVM 模块，如果用 RPM 安装 KVM 软件包，系统会在启动时自动加载模块。加载了模块后，才能进一步通过其他工具创建虚拟机。QEMU 可以虚拟不同的 CPU 构架，比如说在 x86 的 CPU 上虚拟一个 Power 的 CPU，并利用它编译出可运行在 Power 上的程序。QEMU 是一个强大的虚拟化软件，KVM 使用了 QEMU 的基于 x86 的部分，并稍加改造，形成了可控制 KVM 内核模块的用户空间工具 QEMU。所以 Linux 发行版中分为 kernel 部分的 KVM 内核模块和 QEMU 工具。

对于 KVM 的用户空间工具，尽管 QEMU 工具可以创建和管理 KVM 虚拟机，但是，RedHat 为 KVM 开发了更多的辅助工具，比如 libvirt、virsh、virt-manager 等。原因是 QEMU 工具效率不高，不易于使用。libvirt 是一套提供了多种语言接口的 API，为各种虚拟化工具提供一套方便、可靠的编程接口，不仅支持 KVM，还支持 Xen 等其他虚拟机。使用 libvirt，只需要通过 libvirt 提供的函数连接到 KVM 或 Xen 宿主机，便可以用同样的命令控制不同的虚拟机了。libvirt 不仅提供了 API，还自带一套基于文本的管理虚拟机的命令——virsh，可以通过使用 virsh 命令来使用 libvirt 的全部功能。但最终，用户更渴望的是图形用户界面，这就是 virt-manager。virt-manager 是一套用 python 编写的虚拟机管理图形界面，用户可以通过它直观地操作不同的虚拟机。virt-manager 也是利用 libvirt 的 API 实现的。

KVM 模块是 KVM 虚拟机的核心部分。其主要功能包括：初始化 CPU 硬件，打开虚拟化模式，将虚拟客户机运行在虚拟机模式下，并对虚拟客户机的运行提供一定的支持。

KVM 的初始化过程如下：

（1）初始化 CPU 硬件，KVM 是基于硬件的虚拟化，CPU 必须支持虚拟化技术。KVM 会首先检测当前系统的 CPU，确保 CPU 支持虚拟化。当 KVM 模块被加载时，KVM 模块会先初始化内部数据结构。KVM 的内核部分是作为可动态加载内核模块运行在宿主机中的，其中一个模块是和平台无关的实现虚拟化核心基础架构的 kvm 模块，另一个是与硬件平台相关的 kvm_intel 模块或者是 kvm_amd 模块。

（2）打开 CPU 控制寄存器 CR4 中的虚拟化模式开关，并通过执行特定指令将宿主机操作系统置于虚拟化模式中的根模式。

（3）KVM 模块创建特殊设备文件 /dev/kvm，并等待来自用户空间的命令（例如，是否创建虚拟客户机，创建什么样的虚拟客户机等）。

接下来就是用户空间使用工具创建，管理，关闭虚拟客户机了。

KVM 是 Linux 完全原生的全虚拟化解决方案。KVM 目前设计为通过可加载的内核模块，支持广泛的客户机操作系统，比如 Linux、BSD、Solaris、Windows、Haiku、ReactOS 和 AROS Research Operating System。

在 KVM 架构中，虚拟机实现为常规的 Linux 进程，由标准 Linux 调度程序进行调度。事实上，每个虚拟 CPU 显示为一个常规的 Linux 进程。这使 KVM 能够享受 Linux 内核的所有功能。

需要注意的是，KVM 本身不执行任何模拟，需要用户空间程序（例如 QEMU）通过 /dev/kvm 接口设置一个客户机虚拟服务器的地址空间，向它提供模拟的 I/O，并将它的视频显示映射回宿主机的显示屏，以完成整个虚拟过程。

图 2-4 是 KVM 的架构图，从图中可以看出，在 KVM 架构中，最底层是硬件系统，其中包括处理器，内存，输入输出设备等硬件。在硬件系统之上就是 Linux 操作系统，KVM 作为 Linux 内核的一个模块加载其中，再向上就是基于 Linux 的应用程序，同时也包括基于 KVM 模块虚拟出来的虚拟客户机。

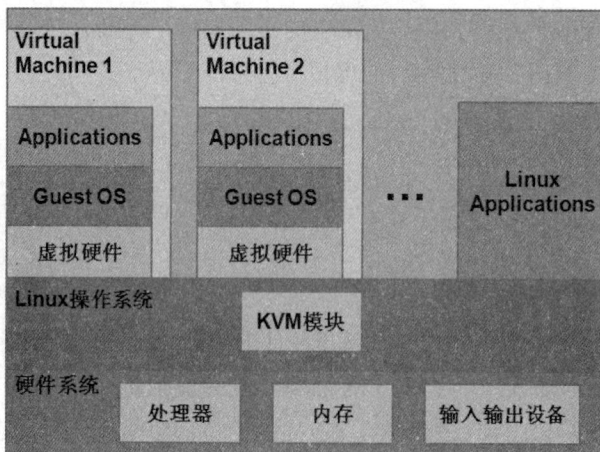

图 2-4　KVM 架构

KVM 是一个相对较新的虚拟化产品，但是诞生不久就被 Linux 社区接纳，成为随 Linux 内核发布的轻量型模块。与 Linux 内核集成，使 KVM 可以直接获益于最新的 Linux 内核开发成果，比如更好的进程调度支持、更广泛的物理硬件平台的驱动、更高的代码质量等等。

作为相对较新的虚拟化方案，KVM 需要成熟的工具以用于管理 KVM 服务器和客户机。不过，现在随着 libvirt、virt-manager 等工具和 OpenStack 等云计算平台的逐渐完善，KVM 管理工具在易用性方面的劣势已经逐渐被克服。另外，KVM 可用于改进虚拟网络的支持、虚拟存储支持、增强的安全性、高可用性、容错性、电源管理、HPC/ 实时支持、虚拟 CPU 可伸缩性、跨供应商兼容性、科技可移植性等方面。目前，KVM 开发者社区比较活跃，也有不少大公司的工程师参与开发，我们有理由相信 KVM 的很多功能都会在不远的将来得到进一步的完善。

2.2.2　基于 Docker 的虚拟化

操作系统（Operating System，OS）是指控制和管理整个计算机系统的硬件和软件资源，并合理地组织调度计算机的工作和资源的分配，以提供给用户和其他软件方便的接口和环境的程序集合。计算机操作系统是随着计算机研究和应用的发展逐步形成并发展起来的，它是计算机系统中最基本的系统软件。操作系统虚拟化，可以理解为将用户的桌面操作系统进行虚拟化，进而归类到桌面虚拟化。

（1）系统级虚拟化

系统虚拟化的核心思想是使用虚拟化软件在一台物理机上，虚拟出一台或多台虚拟机，虚拟机是指使用系统虚拟化技术，运行在一个隔离环境中、具有完整硬件功能的逻辑计算机系统，包括客户操作系统和其中的应用程序。

系统级虚拟化包括一个 Hypervisor 或者 VMM（Virtual Machine Monitor）。Hypervisor 是位于硬件资源和操作系统之间的软件层。它使得多个单独的虚拟机实例可以同时运行，并使得多个虚拟机可以共享各种物理硬件资源。Hypervisor 协调这些硬件资源（CPU、内存和各种 I/O 设备）的访问，为虚拟机分配各种需要使用的资源。

对于系统级虚拟化，根据虚拟机监视器 Hypervisor 或 VMM 的实现层次主要可以分为基于宿主操作系统的系统级虚拟化和基于硬件的系统级虚拟化。

基于宿主操作系统的虚拟机作为应用程序运行在宿主操作系统（Host OS）之上，其架构如图 2-5 所示。因此 Guest VM 需要由 Guest OS 内核先经过 Hypervisor，再经过宿主操作系统才能访问硬件。支持基于宿主操作系统虚拟化的产品有 Virtual PC、VMWare Workstation 和 VirtualBox 等。

另外一种系统虚拟化是基于硬件的系统级虚拟化。在这种模式下，如图 2-6 所示，虚拟机监控层 Hypervisor 或 VMM 直接运行在裸机硬件之上。它具有最高的特权，可以直接管理和调用底层的硬件资源。虚拟机监控层向 Guest VM 提供虚拟的硬件资源，而 Guest VM 对硬件资源的访问都需要通过这一层。支持基于硬件的系统级虚拟化产品包括 VMware ESX/ESXi 和 Xen 等。

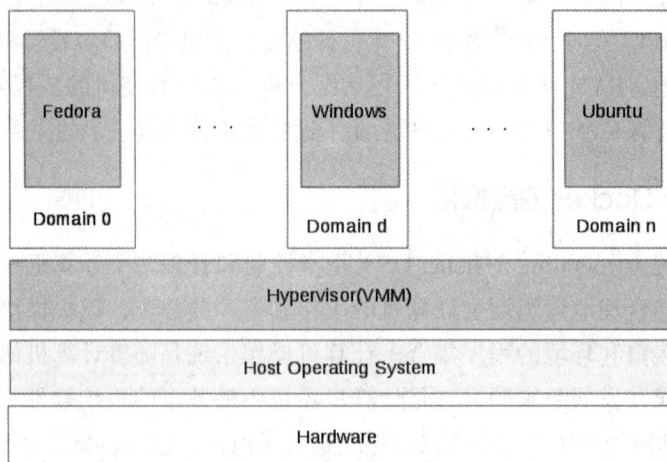

图 2-5　基于宿主操作系统的系统级虚拟化

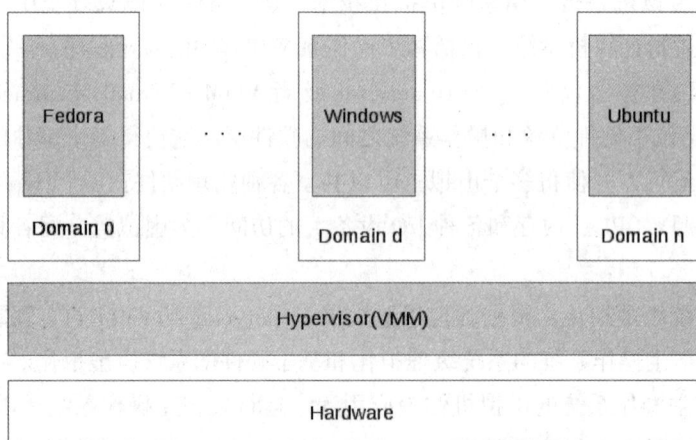

图 2-6　基于硬件的系统级虚拟化

　　事实上，上述这种按照 Hypervisor 的实现层次的分类对于某些虚拟化产品并不能很直接地确定其分类，比如 KVM 和 Hyper-V。KVM 实现成为 Linux 的一个内核模块。对其是属于基于宿主操作系统的还是属于基于硬件的虚拟化产品还存在一些争论。另一个例子就是微软的 Hyper-V，它被误认为是基于宿主操作系统的虚拟化产品。但是它 2008 的免费版本和其他一些版本采用的实际上是基于硬件的系统级虚拟化，Hypervisor 在管理操作系统之前加载，并且任何虚拟机都是在 Hypervisor 上创建并运行的，而非通过管理操作系统，因此应该属于基于硬件的系统级虚拟化。

（2）Docker

Docker 是操作系统级别的轻量级虚拟化技术，也就是实现轻量级的操作系统虚拟化。它能够让应用的分发、部署和管理都变得前所未有的高效和轻松。同时它也是一个用 go 语言实现的开源项目，源代码在 github 上。

Docker 也是一个开源的应用容器引擎，它可以让开发者打包他们的应用以及依赖包到一个可移植的容器中，然后发布到安装了任何 Linux 发行版本的机器上。Docker 基于 LXC（Linux Container）来实现类似 VM 的功能，可以在更有限的硬件资源上提供给用户更多的计算资源。与 VM 等虚拟化的方式不同，LXC 不属于全虚拟化或半虚拟化中的任何一个分类，而是一个操作系统级虚拟化。

Docker 可以看作是直接运行在宿主操作系统之上的一个容器，使用沙箱机制完全虚拟出一个完整的操作，容器之间不会有任何接口，从而让容器与宿主机之间、容器与容器之间隔离的更加彻底。每个容器会有自己的权限管理，独立的网络与存储栈，以及自己的资源管理，从而使同一台宿主机上可以友好的共存多个容器。

Docker 借助 Linux 的内核特性，如：控制组（Control Group）、命名空间（Namespace）等，直接调用操作系统的系统调用接口。从而降低每个容器的系统开销，降低容器复杂度，实现启动快、资源占用小等特征。

在传统操作系统中，所有用户的进程本质上是在同一个操作系统的环境下运行，因此内核或应用程序的缺陷可能影响到其他进程，也可能受其他进程的影响。而 Docker 是一种在服务器操作系统中使用的轻量级的虚拟化技术，内核通过创建多个虚拟的操作系统实例（内核和库）来隔离不同的进程，不同实例中的进程完全不了解对方的存在。它并不是在物理系统里创建多个虚拟机环境，也就是多个操作系统，而是让一个操作系统创建多个彼此独立的应用环境，这些应用环境都访问同一个内核。

传统的虚拟化技术要生成一个环境的时间非常久，但对于 Docker 来说启动和销毁一个操作系统环境都是秒级的，而且它底层依赖的技术 lxc（linux container）完全是内核特性，没有任何中间层开销，对于资源的利用率极高，性能接近物理机。

2.2.3　基于 OpenStack 的桌面虚拟化

OpenStack 是由美国国家航空航天局（NASA）和 Rackspace 公司共同发起的开源项目。OpenStack 能够控制和管理数据中心的计算、存储和网络等资源，同时为管理员和用户提供一个 Web 访问接口和一个与 Amazon EC2 类似的 API 来动态按需获得所需的资源。OpenStack 所有的模块子系统之间均是通过标准化的 API 来实现服务的调用，在虚拟化技术上，OpenStack 能够支持包括 KVM、VMware、Xen 和 QEMU 等，并通过统一的虚拟化管理工具 Libvirt 来调用，实现对底层资源的透明使用。OpenStack 的架构如图 2-7 所示。

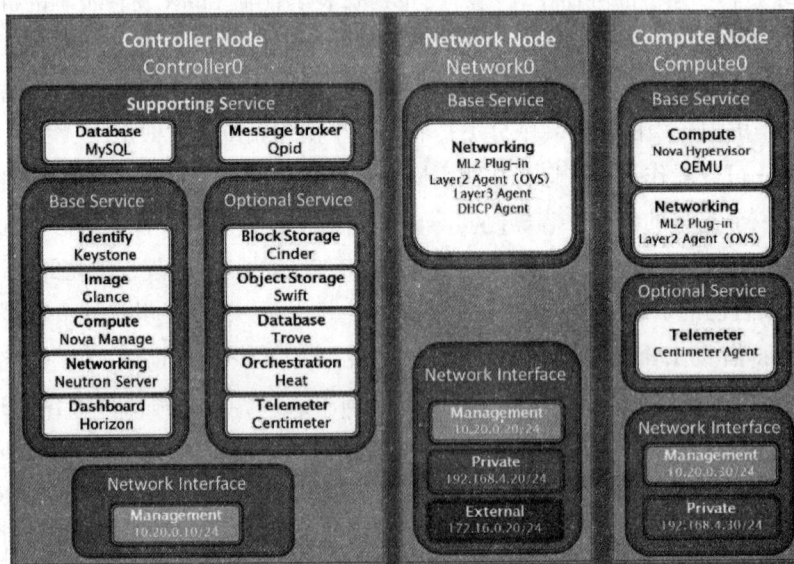

图 2-7　OpenStack 架构

截止本书截稿，OpenStack 社区发行了 Stein 版本，此版本为 Openstack 的第 19 个开源云版本，包含一些重大更新，例如容器功能的增强，支持 5G 网络，边缘计算，网络功能虚拟化 NFV 等。

OpenStack 正在飞速发展以满足用户需求，OpenStack 基金会执行总监 Jonathan Bryce 表示："云最初是一种获得虚拟机的快速方式。现在，人们期望 OpenStack 云解决更多的问题。云的范围正在扩大，并在将来扩展到人们生活的方方面面。"

OpenStack 的核心功能包括管理虚拟资源（计算资源、存储资源、网络资源）

的创建、管理与分配，其中最常见的用途是创建公有云、私有云或混合云，为用户提供了基础设施即服务的方案。OpenStack 主要由 Python 编程语言所编写，该系统中提供多种模块化的开源工具，程序员依据实际的需求定制自定义的云平台。由于 OpenStack 开发人员的精心设计，系统各模块间的耦合性极低，它主要由五个独立的模块组成：分别是负责虚拟机控制与管理的 Nova 模块，负责虚拟机内对象存储与块存储的 Swift 与 Cinder 模块，负责虚拟机镜像管理的 Glance 模块，负责 OpenStack 内部的认证与授权工作的 Keystone 组件。

整个 OpenStack 是由控制节点，计算节点，网络节点，存储节点四大部分组成，这四个节点也可以安装在一台机器上，进行单机部署。

其中：控制节点负责对其余节点的控制，包含虚拟机建立，迁移，网络分配，存储分配等等；计算节点负责虚拟机运行；网络节点负责对外网络与内网络之间的通信；存储节点负责对虚拟机的额外存储管理等等。

Nova 组件：Nova 作为 OpenStack 中最重要的组件，它提供配置计算实例（即虚拟服务器）的方法并且负责实例整个生命周期内的活动管理。Nova 支持虚拟机和裸机服务器的创建，而且还负责管理系统中计算资源、网络资源，提供 Rest 风格的 API 而且实现了异步的一致性通信。然而 Nova 模块自身并不提供虚拟化能力，它通过独立的软件管理模块实现 XenServer、Hyper-V 和 VMWare ESX 等虚拟化操作的调用。

Nova 云架构中主要包括以下主要组件：APIServer（nova-api），MessageQueue（rabbit-mqserver），ComputeWorkers（nova-compute），NetworkController（nova-network），VolumeWorker（nova-volume），Scheduler（nova-scheduler）。APIServer 模块中对外提供了管理虚拟机的交互接口，是外部管理实例的唯一途径。整个流程为：用户首先发起 Webservices 调用，消息队列收到请求后与内部相关组件进行通信，相关组件会依据不同的请求提供服务于反馈。

OpenStack 节点之间的通信工作由 rabbit-mqserver 组件完成，RabbitMQ 是一个在 AMQP（AdvancedMessageQueueProtocol）基础上开发的可复用企业级消息系统。由于许多 API 调用所耗费的时间较长（创建虚拟机、加载虚拟机镜像等），因此设计了一种基于异步调用，使用回调函数触发的方式优化请求响应速度的解决方案。

ComputeWorkers 负责管理云平台中实例的整个生命周期，该模块从消息队列中接收有关虚拟机生命周期管理的请求并调用 libvirtAPI 进行处理，最后将请求结果传输回消息队列中。典型的生产环境中存在多个 ComputeWorkers，可以通过修改调度算法来规划实例在 Worker 中的分布。

NetworkController 提供虚拟机资源的网络负责，处理主机的网络配置，包括 IP 地址分配，配置 VLAN，配置计算节点网络拓扑等。该模块实现了虚拟机节点间的网络传输和与外网的连接。

VolumeWorker 用于管理逻辑卷，该模块包含新建卷、删除卷、为虚拟机附加卷等功能。在 OpenStack 后期的版本中该模块被剥离出 Nova 模块而独立成为 Cinder 模块。由于根分区是非持久化的，当实例节点终止后所有数据都将丢失，此时卷提供了持久化存储的功能，将某个卷加载到其他不同的虚拟机实例上，每台机器都能访问到卷上的数据，这极大地增加了服务器的容灾性与稳定性。

Scheduler 作为 nova 调度器负责选取合适的算法配置可用资源池，它会根据计算实例的负载、内存、CPU 的状况分配计算任务或迁移。主要分为两大步骤，首先使用过滤算法找出有资格创建虚拟机的主机，之后计算主机的权值，根据策略选择对应的主机中。Scheduler 以守护进程的方式存在于 nova 模块中。

Neutron 组件：Neutron 为 OpenStack 提供网络配置相关服务，该模块负责将网络资源进行高度抽象，将传统的物理硬件（如网线、网卡、交换机、路由器）依照 TCP/IP 架构，通过软件编程的方式，将其虚拟化并且以软件的方式使用。用户可轻松地为虚拟机创建网络拓扑，省去了传统迁网中搬交换机插网线等繁琐的操作。租户根据需求定义自己的网络，并且用户间的网络互不影响。用户还可以编写自己的插件来获取网络资源，此外也可以通过使用 OpenVSwitch 来实现网络管理。Neutron 组件提供了 VLAN 隔离的功能、软件定义网络 SDN（包括 openflow 协议）、第三方 API 扩展以及第三方 Plugin 扩展等功能。

OpenStack 网络拓扑结构图如图 2-8 所示。

通常网络节点架构中仅包含 Neutron 服务，由 Neutron 负责管理私有网段与公有网段的通信，以及管理虚拟机网络之间的通信 / 拓扑，管理虚拟机之上的防火等等。

网络节点包含三个网络端口：eth0 用于与控制节点进行通信，eth1 用于与除了控制节点之外的计算 / 存储节点之间的通信，eth2 用于外部的虚拟机与相应网络之间的通信。

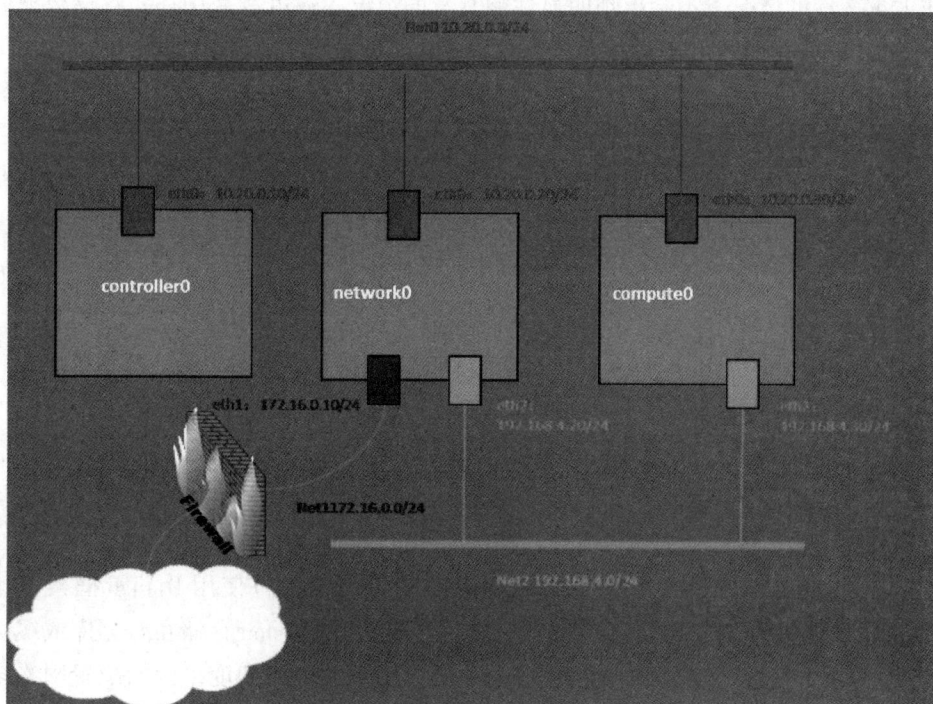

图 2-8 Openstack 的网络拓扑结构图

Swift 与 Cinder 组件：OpenStack 中提供了两种不同的存储模块，分别是 Swift 与 Cinder，它们负责不同类型对象的存储。

Cinder 组件提供 OpenStack 中的块存储服务，可将块存储理解为多个网盘，根据用户需求扩展或减少网盘的数量。Cinder 模块中存储以块设备的形式出现，使用 iSCSI、FibreChannel、NFS 等协议作为后端的连接。Cinder 的接口不仅提供了创建卷、删除卷、挂载卷等基本功能，还包括扩展卷、快照、虚拟机镜像克隆或创建卷等高级功能。对于追求高扩展性的文件系统或企业级存储服务的应用程序而言，该模块是必不可少的。

Swift 组件主要负责为 OpenStack 集群提供跨节点的分布式大规模对象存储服务，对象存储将数据以二进制的形式进行保存，通过使用指令能快速地检索到整个数据对象 [10]。Swift 相较于其他组件较为独立，它不依赖于其他的模块或软件，甚至与负责认证功能的 keystone 模块的关联性也很低。Swift 采用了 RESTful 接口，允许用户以 HTTP 的方式进行数据的读写，对象存储采用了扁平的数据组织形式，在大量文件的情况下不会出现明显性能衰减的情况。Swift 模块中还对存储数据做多份备份并且将这些备份存储在多台机器中，保障了系统的稳定性。

其他组件：除了以上介绍的四种主要模块外，OpenStack 还提供了多项额外的模块，用户可以根据自己的需要，选择是否在系统中添加这些组件。

KeyStone 组件提供了身份认证的服务，它主要负责用户服务与服务目录的功能。当用户登录时进行认证与授权，该模块为租户提供服务目录、网络服务、计算服务以及存储服务的服务项和相关 API。该模块还支持多认证机制，除了固定的认证方式，也支持用户使用的第三方认证。

Glance 组件为 OpenStack 提供虚拟机模板的注册与管理的功能。虚拟机在安装操作系统后，将系统中的镜像文件保存起来，在之后安装相同系统的虚拟机时可直接加载该镜像，省去了重新安装虚拟机的时间消耗 [10]。由于 OpenStack 中存在用户管理，用户可以把某个镜像分享给自己的朋友。qcow2 作为镜像的主流格式是一种支持增量高效存储的镜像文件，镜像文件可以由 swift 组件所保存。

Horizon 组件提供了可视化的交互 Web 界面，该组件使用 Django 框架基于 OpenStack API 开发的标准 Python wsgi 程序，支持将 Session 存储在数据库或缓存中。用户可以使用该界面对 OpenStack 中所有的资源进行调度，例如配置网络拓扑，选择虚拟机操作系统等等。

由于 OpenStack 开源社区人员的无私贡献，越来越多的新模块不断地加入到新版本中，例如监控计费的 Ceilometer 模块，基于模板处理跨实例的应用程序编排的 Heat 模块等等。

第三章　虚拟化实现技术研究

传统的虚拟化技术一般是通过"陷入再模拟"的方式来实现的，使用这种方式需要处理器的支持，即使用传统的虚拟化技术的前提是处理器本身是一个可虚拟化的体系结构。因此，本章从系统可虚拟化架构入手，介绍了虚拟机监控器（Virtual Machine Monitor，VMM）实现中的一些基本概念。但很多处理器在设计时并没有充分考虑虚拟化的需求，因而并不是一个完备的可虚拟化体系结构。

为了解决这个问题，VMM对物理资源的虚拟可以归纳为四个主要任务：处理器虚拟化、内存虚拟化、I/O虚拟化和网络虚拟化。本章以Intel VT（Virtualization Technology）和AMD SVM（Secure Virtual Machine）为例，围绕这三个部分分别介绍各种虚拟化技术的基本原理和不同虚拟化方式的实现细节。

Intel VT是Intel平台上硬件虚拟化技术的总称，主要提供下列技术：

·在处理器虚拟化方面，提供了VT-X技术；

·在内存虚拟化方面，提供了EPT（Extended Page Table，扩展页表）技术；

·在I/O设备虚拟化方面，提供了VT-d技术。

而AMD SVM是AMD平台上硬件虚拟化技术的总称，主要提供下列技术：

·在处理器虚拟化方面，提供了AMD SVM技术；

·在内存虚拟化方面，提供了NPT（Nested Page Table，嵌套页表）技术；

·在I/O设备虚拟化方面，提供了IOMMU（Input/Output Memory Management Unit，输入/输出内存管理单元）技术。

3.1　系统虚拟化架构

系统虚拟化的核心思想，是指用虚拟化技术将一台物理计算机系统虚拟化为一台或多台虚拟计算机系统。

一般来说，虚拟环境由三部分组成：硬件，VMM和虚拟机。在没有虚拟化的情况下，物理机操作系统直接运行在硬件之上，管理着底层物理硬件，构成了一个完整的计算机系统。当系统虚拟化之后，在虚拟环境里，每个虚拟计算机系统都拥有自己的虚拟硬件（如处理器、内存、I/O设备及网络接口等），来提供一个独立的虚拟机执行环境。通过虚拟化层的模拟，虚拟机中的操作系统认为自己独占一个系统在运行。实际上，VMM已经抢占了物理机操作系统的位置，变成了真实物理硬件的管理者，向上层的软件呈现出虚拟的硬件平台。此时，操作系统运行在虚拟平台之上，仍然管理着它认为是"物理硬件"的虚拟硬件。使用虚拟化技术，每个虚拟机中的操作系统可以完全不同，执行环境也可以完全独立的，多个操作系统可以互不影响的在一台物理机上同时运行，如图3-1所示。

在x86平台虚拟化技术中，这个新引入的虚拟化层被称为虚拟机监控器，也叫作Hypervisor。虚拟机监视器运行的环境，也就是真实的物理机，称之为宿主机，而虚拟出的平台被称之为客户机，客户机里面运行的系统被称之为客户机操作系统。

1974年，Popek和Goldberg定义了虚拟机可以看作是物理机的一种高效隔离的复制，里面蕴涵了三层含义，即同质、高效和资源受控，这也是一个虚拟机所具有的三个典型特征：

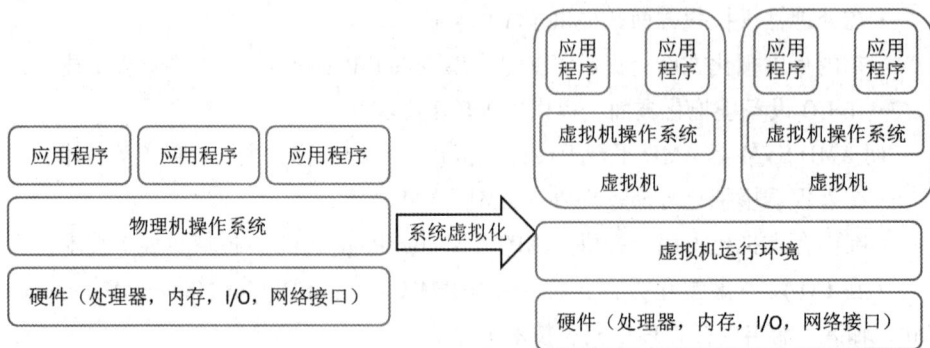

图3-1　系统虚拟化

（1）同质：虚拟机的运行环境和物理机的运行环境在本质上是相同的，但是在表现上有一些差异。例如，虚拟机所看到的CPU个数可以和物理机上实际的CPU个数不同，CPU主频也可以与物理机的不同，但是虚拟机中看到的CPU必须和物理机上的CPU是同一种基本类型的。

（2）高效：虚拟机中运行的软件必须和直接在物理机上运行的性能接近。为了实现这点，当软件在虚拟机中运行时，大多数的指令需直接在硬件上执行，只有少量指令需要经过 VMM 处理或模拟。

（3）资源受控：VMM 需要对系统资源有完全控制能力和管理权限，包括资源的分配、监控和回收。

判断一个系统的体系结构是否可虚拟化，关键在于看它是否能够在该系统上虚拟化出具有上述三个典型特征的虚拟机。为了进一步研究可虚拟化的条件，从指令着手介绍，引入两个概念——特权指令和敏感指令。

（1）特权指令：系统中操作和管理关键系统资源的指令。在现代计算机体系结构中，都有两个或两个以上的特权级，用来区分系统软件和应用软件。特权指令只能够在最高特权级上正确执行，如果在非最高特权级上执行，特权指令就会引发一个异常，使得处理器陷入最高特权级，交由系统软件来处理。在不同的运行级上，不仅指令的执行效果不同，而且也并不是每个特权指令都能够引发异常。例如，一个 x86 平台上的用户违反了规范，在用户态修改 EFLAGS 寄存器的中断开关位，这一修改不会产生任何效果，也不会引起异常陷入，而是会被硬件直接忽略掉。

（2）敏感指令：虚拟化世界里操作特权资源的指令，包括修改虚拟机的运行模式或者物理机的状态，读写敏感的寄存器或者内存。例如时钟、中断寄存器、访问存储保护系统、内存系统，地址重定位系统以及所有的 I/O 指令。

由此可见，所有的特权指令都是敏感指令，但并非所有的敏感指令都是特权指令。

为了使得 VMM 可以完全控制系统资源，敏感指令应当设置为必须在 VMM 的监控审查下进行。如果一个系统上所有敏感指令都是特权指令，就可以按如下步骤实现一个虚拟环境：

将 VMM 运行在系统的最高特权级上，而将客户机操作系统运行在非最高特权级上。此时，当客户机操作系统因执行敏感指令（此时，也就是特权指令）而陷入到 VMM 时，VMM 模拟执行引起异常的敏感指令，这种方法被称为"陷入再模拟"。

由上可知，判断一个系统是否可虚拟化，其核心就在于该系统对敏感指令的支持上。如果在系统上所有敏感指令都是特权指令，则它是可虚拟化的。如果它无法支持在所有的敏感指令上触发异常，则不是一个可虚拟化的结构，我们称其存在"虚拟化漏洞"。

虽然虚拟化漏洞可以采用一些办法来避免，例如将所有虚拟化都采用模拟的方式来实现，保证所有指令（包括敏感指令）的执行都受到 VMM 的监督审查，但由于它对每条指令不区别对待，因而性能太差。所以既要填补虚拟化漏洞，又要保证虚拟化的性能，只能采取一些辅助的手段，或者直接在硬件层面填补虚拟化漏洞，或者通过软件的办法避免虚拟机中使用到无法陷入的敏感指令，这些方法都不仅保证了敏感指令的执行受到 VMM 的监督审查，而且保证了非敏感指令可以不经过 VMM 而直接执行，使得性能大大提高。

3.2　处理器虚拟化实现技术研究

处理器虚拟化是 VMM 中最重要的部分，因为访问内存或者 I/O 的指令本身就是敏感指令，所以内存虚拟化和 I/O 虚拟化都依赖于处理器虚拟化。

在 x86 体系结构中，处理器有四个运行级别，分别是 Ring0，Ring1，Ring2 和 Ring3。其中，Ring0 级别拥有最高的权限，可以执行任何指令而没有限制。运行级别从 Ring0 到 Ring3 依次递减。操作系统内核态代码运行在 Ring0 级别，因为它需要直接控制和修改 CPU 状态，而类似于这样的操作需要在 Ring0 级别的特权指令才能完成，而应用程序一般运行在 Ring3 级别。

在 x86 体系结构中实现虚拟化，需要在客户机操作系统以下加入虚拟化层，来实现物理资源的共享。因而，这个虚拟化层应该运行在 Ring0 级别，而客户机操作系统只能运行在 Ring0 以上的级别。但是，客户机操作系统中的特权指令，如果不运行在 Ring0 级别，将会有不同的语义，产生不同的效果，或者根本不起作用，这是处理器结构在虚拟化设计上存在的缺陷，这些缺陷会直接导致虚拟化漏洞。为了弥补这种漏洞，在硬件还未提供足够的支持之前，基于软件的虚拟化技术就已经先给出了两种可行的解决方案：全虚拟化和半虚拟化。全虚拟化可以采用二进制代码动态翻译技术（Dynamic Binary Translation）来解决客户机的特权指令问题，这种方法的优点在于代码的转换工作时动态完成的，无须修改客户机操作系统，因而可以支持多种操作系统。而半虚拟化通过修改客户机操作系统来解决虚拟机执行特权指令的问题，被虚拟化平台托管的客户机操作系统需要修改其操作系统，将所有敏感指令替换为对底层虚拟化平台的超级调用。在半虚拟化中，客户机操作系统和虚拟化平台必须兼容，否则虚拟机无法有效操作宿主机。x86 系统结构下处理器虚拟化如图 3-2 所示。

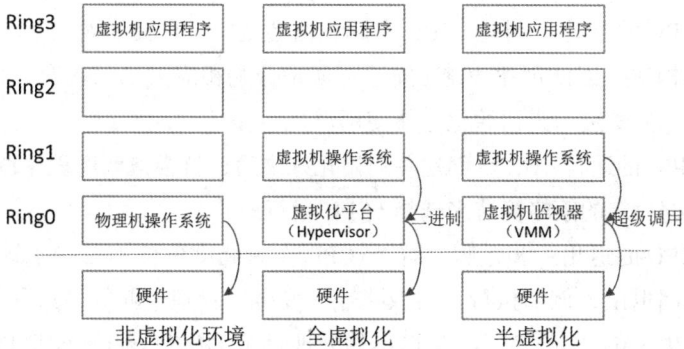

图 3-2 x86 系统结构下的处理器虚拟化

虽然可以通过处理器软件虚拟化技术来实现 VMM，但增加了系统复杂性和性能开销。如果使用硬件辅助虚拟化技术，也就是在 CPU 中加入专门针对虚拟化的支持，可以使得系统软件更加容易、高效的实现虚拟化。

3.2.1 vCPU

硬件虚拟化采用 vCPU（virtual CPU，虚拟处理器）描述符来描述虚拟 CPU。vCPU 本质是一个结构体，以 Intel VT-x 为例，vCPU 一般可以划分为两个部分：一个是 VMCS 结构（Virtual Machine Control Structure，虚拟机控制结构），其中存储的是由硬件使用和更新的内容，这主要是虚拟寄存器。一个是非 VMCS 结构，用于 VMCS 没有保存，而由 VMM 使用和更新的内容，主要是 VMCS 以外的部分。vCPU 的结构如图 3-3 所示。

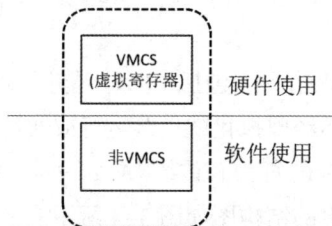

图 3-3 Intel VT-x 的 vCPU 结构

在具体实现中，VMM 创建客户机时，首先要为客户机创建 vCPU，然后再由 VMM 来调度运行。整个客户机的运行实际上可以看作是 VMM 调度不同的 vCPU 运行。vCPU 的基本操作如下：

（1）vCPU 的创建：创建 vCPU 实际上是创建 vCPU 描述符，由于 vCPU 描述符是一个结构体，因此创建 vCPU 描述符就是分配相应大小的内存。vCPU 描述符在创建之后，需要进一步初始化才能使用。

（2）vCPU 的运行：vCPU 创建并初始化好之后，就会被调度程序调度运行，调度程序会根据一定的策略算法来选择 vCPU 运行。

（3）vCPU 的退出：和进程一样，vCPU 作为调度单位不可能永远运行，总会因为各种原因退出，例如执行了特权指令、发生了物理中断等，这种退出在 VT-x 中表现为发生 VM-Exit。对 vCPU 退出的处理是 VMM 进行 CPU 虚拟化的核心，例如模拟各种特权指令。

（4）vCPU 的再运行：指 VMM 在处理完 vCPU 的退出后，会负责将 vCPU 投入再运行。

3.2.2　Intel VT-x

通过前面的介绍可知，指令的虚拟化是通过"陷入再模拟"的方式实现的，而 IA32 架构有 19 条敏感指令不能通过这种方法处理，导致了虚拟化漏洞。为了解决这个问题，Intel VT 中的 VT-x 技术扩展了传统的 IA32 处理器架构，为处理器增加了一套名为虚拟机扩展（Virtual Machine Extensions，VMX）的指令集，该指令集包含十条左右的新增指令来支持与虚拟化相关的操作，为 IA32 架构的处理器虚拟化提供了硬件支持。此外，VT-x 引入了两种操作模式，统称为 VMX 操作模式。

（1）根操作模式〔VMX Root Operation）：VMM 运行所处的模式。以下简称根模式。

（2）非根操作模式（VMX Non-Root Operation）：客户机运行所处的模式，以下简称非根模式。

在非根模式下，所有敏感指令（包括 19 条不能被虚拟化的敏感指令）的行为都被重新定义，使得它们能不经虚拟化就直接运行或通过"陷入再模拟"的方式来处理；在根模式下，所有指令的行为和传统 IA32 一样，没有改变，因此原有的软件都能正常选行。其基本思想的结构图如图 3-4 所示。

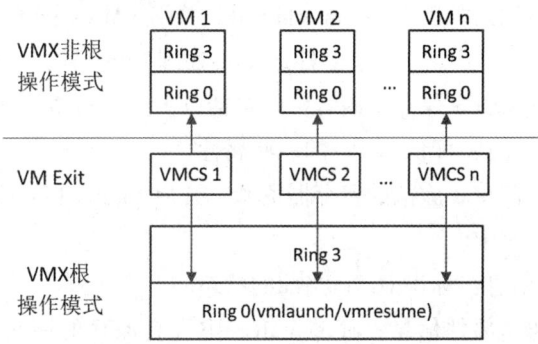

图 3-4　Intel VT-x 的基本思想

　　这两种操作模式与 IA32 特权级 0~ 特权级 3 是正交的，即两种操作模式下都有相应的特权级 0~ 特权级 3。因此，在使用 VT-x 时，描述程序运行在某个特权级，应具体指明处于何种模式。

　　作为传统 IA32 架构的扩展，VMX 操作模式在默认情况下是关闭的，因为传统的操作系统并不需要使用这个功能。当 VMM 需要使用这个功能时，可以使用 VT-x 提供的新指令来 VMXON 来打开这个功能，用 VMXOFF 来关闭这个功能，VMX 操作模式如图 3-5 所示：

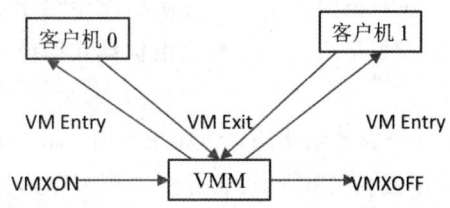

图 3-5　VMX 操作模式

　　（1）VMM 执行 VMXON 指令进入 VMX 操作模式，此时 CPU 处于 VMX 根操作模式，VMM 软件开始执行。

　　（2）VMM 执行 VMLAUNCH 或 VMRESUME 指令产生 VM-Entry，客户机软件开始执行，此时 CPU 从根模式转换成为非根模式。

　　（3）当客户机执行特权指令，或者当客户机运行时发生了中断或异常，VM-Exit 被触发而陷入 VMM，CPU 自动从非根模式转换切换到根模式。VMM 根据 VM-Exit 的原因做相应处理，然后转到步骤（2）继续运行客户机。

（4）如果 VMM 决定退出，则执行 VMXOFF 关闭 VMX 操作模式。

另外，VT-x 还引入了 VMCS 来更好地支持处理器虚拟化。VMCS 是保存在内存中的数据结构，由 VMCS 保存的内容一般包括以下几个重要的部分：

（1）vCPU 标识信息：标识 vCPU 的一些属性。

（2）虚拟寄存器信息：虚拟的寄存器资源，开启 Intel VT-x 机制时，虚拟寄存器的数据存储在 VMCS 中。

（3）vCPU 状态信息：标识 vCPU 当前的状态。

（4）额外寄存器 / 部件信息：存储 VMCS 中没有保存的一些寄存器或者 CPU 部件。

（5）其他信息：存储 VMM 进行优化或者额外信息的字段。

每一个 VMCS 对应一个虚拟 CPU 需要的相关状态，CPU 在发生 VM-Exit 和 VM-Entry 时都会自动查询和更新 VMCS，VMM 也可以通过指令来配置 VMCS 来影响 CPU。

3.2.3　AMD SVM

在 AMD 的 SVM 中，有很多东西与 Intel VT-x 类似。但是技术上略有不同，在 SVM 中也有两种模式：根模式和非根模式。此时，VMM 运行在非根模式上，而客户机运行在根模式上。在非根模式上，一些敏感指令会引起"陷入"，即 VM-Exit，而 VMM 调动某个客户机运行时，CPU 会由根模式切换到非根模式，即 VM-Entry。

在 AMD 中，引入了一个新的结构叫作 VMCB（Virtual Machine Control Block，虚拟机控制块），来更好的支持 CPU 的虚拟化。一个 VMCB 对应一个虚拟的 CPU 相关状态，例如，这个 VMCB 中包含退出领域，当 VM-Exit 发生时会读取里面的相关信息。

此外，AMD 还增加了八个新指令操作码来支持 SVM，VMM 可以通过指令来配置 VCMB 映像 CPU。例如，VMRUN 指令会从 VMCB 中载入处理器状态，而 VMSAVE 指令会把处理器状态保存到 VMCB 中。

3.3　内存虚拟化实现技术研究

从一个操作系统的角度，对物理内存有两个基本认识：

（1）内存都是从物理地址 0 开始；

（2）内存地址都是连续的，或者说至少在一些大的粒度上连续。

而在虚拟环境下，由于 VMM 与客户机操作系统在对物理内存的认识上存在冲突，造成了物理内存的真正拥有者 VMM 必须对客户机操作系统所访问的内存进行虚拟化，使模拟出来的内存符合客户机操作系统的两条基本认识，这个模拟过程就是内存虚拟化。因此，内存虚拟化面临如下问题：

（1）物理内存要被多个客户机操作系统使用，但是物理内存只有一份，物理地址 0 也只有一个，无法同时满足所有客户机操作系统内存从 0 开始的需求。

（2）由于使用内存分区方式，把物理内存分给多个客户机操作系统使用，虽然可以保证虚拟机的内存访问时连续的，但是内存的使用效率低。

为了解决这些问题，内存虚拟化引入一层新的地址空间——客户机物理地址空间，这个地址并不是真正的物理地址，而是被 VMM 管理的"伪"物理地址。为了虚拟内存，现在所有基于 x86 架构的 CPU 都配置了内存管理单元（Memory Management Unit，MMU）和页面转换缓冲（Translation Lookaside Buffer，TLB），通过他们来优化虚拟内存的性能。

如图 3-6 所示，VMM 负责管理和分配每个虚拟机的物理内存，客户机操作系统所看到的是一个虚拟的客户机物理地址空间，其指令目标地址也是一个客户机物理地址。那么在虚拟化环境中，客户机物理地址不能直接被发送到系统总线上去，VMM 需要先将客户机物理地址转换成一个实际物理地址后，再交由处理器来执行。

当引入了客户机地址之后，内存虚拟化的主要任务就是处理以下两个方面的问题：

（1）实现地址空间的虚拟化，维护宿主机物理地址和客户机物理地址之间的映射关系。

（2）截获宿主机对客户机物理地址的访问，并根据所记录的映射关系，将其转换成宿主机物理地址。

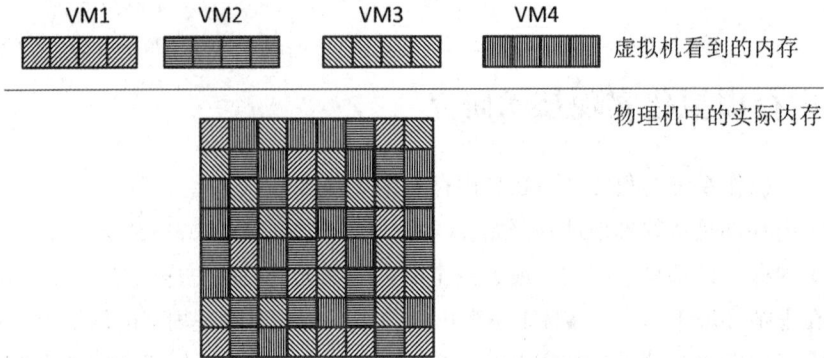

图 3-6　内存虚拟化示意图

　　第一个问题比较简单，只是一个简单的地址映射问题。在引入客户机物理地址空间后，可以通过两次地址转换来支持地址空间的虚拟化，即客户机虚拟地址（GVA，Guest Virtual Address）→客户机物理地址（Guest Physical Address，GPA）→宿主机物理地址（Host Physical Address，HPA）的转换。在实现过程中，GVA到GPA的转换通常是由客户机操作系统通过VMCS（AMD SVM中的VMCB）中客户机状态域CR3指向的页表来指定，而GPA到HPA的转换是由VMM决定的，VMM通常会用内部数据结构来记录客户机物理地址到宿主机物理地址之间的动态映射关系。

　　但是，传统的IA32架构只支持一次地址转换，即通过CR3指定的页面来实现"虚拟地址"到"物理地址"的转换，这和内存虚拟化要求的两次地址转换相矛盾。为了解决这个问题，可以通过将两次转换合二为一，计算出GVA到HPA的映射关系写入"影子页表"（Shadow Page Table）。这样虽然能够解决问题，但是缺点也很明显，实现复杂，例如需要考虑各种各样页表同步情况等，这样导致开发、调试以及维护都比较困难。另外，使用"影子页表"需要为每一个客户机进程对应的页表都维护一个"影子页表"，内存开销很大。

　　为了解决这个问题，Intel公司提供了EPT技术，AMD公司提供了AMD NPT技术，直接在硬件上支持GVA→GPA→HPA的两次地址转换，大大降低了内存虚拟化的难度，也进一步提高了内存虚拟化的性能。

　　第二个问题从实现上来说比较复杂，它要求地址转换一定要在处理器处理目标指令之前进行，否则会造成客户机物理地址直接被发到系统总线上这样的重大漏洞。最简单的解决办法就是让客户机对宿主机物理地址空间的每一次访问都触发异常，由 VMM 查询地址转换表模仿棋访问，但是这种方法性能很差。

3.3.1　Intel EPT

Intel EPT 是 Intel VT-x 提供的内存虚拟化支持技术。EPT 页表存在于 VMM 内核空间中，由 VMM 来维护。EPT 页表的基地址是由 VMCS "VM-Execution" 控制域的 Extended Page Table Pointer 字段指定的，它包含了 EPT 页表的宿主机系统物理地址。EPT 是一个多级页表，各级页表的表项格式相同，如图 3-7 所示。

ADDR	SP	X	R	W

图 3-7　页表项格式图

页表各项含义如下：

ADDR：下一级页表的物理地址。如果已经是最后一级页表，那么就是 GPA 对应的物理地址。

SP：超级页（Super Page）所指向的页是大小超过 4KB 的超级页，CPU 在遇到 SP=l 时，就会停止继续往下查询。对于最后一级页表，这一位可以供软件使用。

X：可执行，X=1 表示该页是可执行的。

R：可读，R=1 表示该页是可读的。

W：可写，W=1 表示该页是可写的。

Intel EPT 通过使用硬件支持内存虚拟化技术，使其能在原有的 CR3 页表地址映射的基础上，引入了 EPT 页表来实现另一次映射。通过这个页表能够将客户机物理地址直接翻译成宿主机物理地址，这样，GVA → GPA → HPA 两次地址转换都由 CPU 硬件自动完成，从而减少整个内存虚拟化所需的代价。其基本原理如图 3-8 所示。

这里假设客户机页表和 EPT 页表都是 4 级页表，CPU 完成一次地址转换的基本过程如下：

CPU 先查找客户机 CR3 指向的 L4 页表。由于客户机 CR3 给出的是 GPA，因此 CPU 需要通过 EPT 页表来实现客户机 CR3 中的 GPA → HPA 的转换。CPU 首先会查找硬件的 EPT TLB，如果没有对应的转换，CPU 会进一步查找 EPT 页表，如果还没有，CPU 则抛出 EPT Violation 异常由 VMM 来处理。

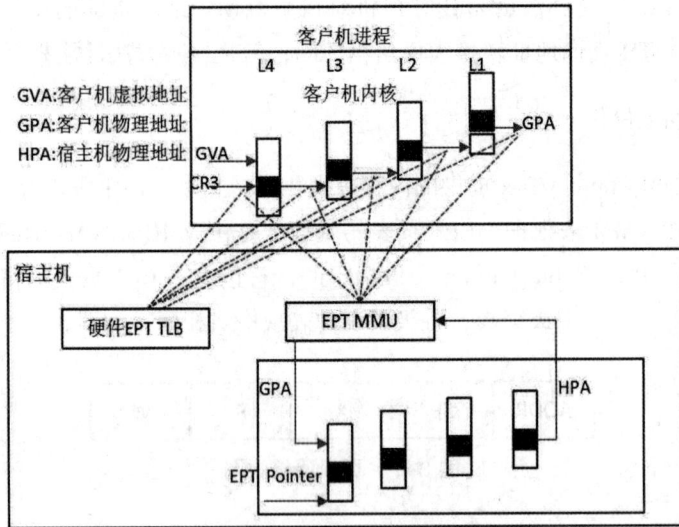

图 3-8　EPT 原理图

获得 L4 页表地址后，CPU 根据 GVA 和 L4 页表项的内容，来获取 L3 页表项的 GPA。如果 L4 页表中 GVA 对应的表项显示为"缺页"，那么 CPU 产生 Page Fault，直接交由客户机内核来处理。获得 L3 页表项的 GPA 后，CPU 同样要通过查询 EPT 页表来实现 L3 的 GPA 到 HPA 的转换。

同样，CPU 会依次查找 L2，L1 页表，最后获得 GVA 对应的 GPA，然后通过查询 EPT 页表获得 HPA。

从上面的过程可以看出，CPU 需要 5 次查询 EPT 页表，每次查询都需要 4 次内存访问，因此最坏情况下总共需要 20 次内存访问。EPT 硬件通过增大 EPT TLB 来尽量减少内存访问。

在 GPA 到 HPA 转换的过程中，由于缺页、写权限不足等原因也会导致客户机退出，产生 EPT 异常。对于 EPT 缺页异常，处理过程大致如下：

KVM 首先根据引起异常的 GHA，映射到对应的 HVA；然后为此虚拟地址分配新的物理页；最后 KVM 再更新 EPT 页表，建立起引起异常的 GPA 到 HPA 的映射。

EPT 页表相对于影子页表，其实现方式大大简化，主要地址转换工作都由硬件自动完成，而且客户机内部的缺页异常也不会导致 VM-Exit，因此客户机运行性能更好，开销更小。

3.3.2 AMD NPT

AMD NPT 是 AMD 公司提供的一种内存虚拟化技术, 它可以将客户机物理地址转换为宿主机物理地址。而且, 与传统的影子页表不同, 一旦嵌套页面生成, 宿主机将不会打断和模拟客户机 gPT（guest Page Table, 客户机页表）的修正。

在 NPT 中, 宿主机和客户机都有自己的 CR3 寄存器, 分别是 nCR3（nested CR3）和 gCR3（guest CR3）。gPT 负责客户机虚拟地址到客户机物理地址的映射。nPT（nested Page Table, 嵌套页表）负责客户机物理地址到宿主机物理地址的映射。客户机页表和嵌套页表分别是由客户机和宿主机创建。其中, 客户机页表存在客户机物理内存里, 由 gCR3 索引。而嵌套页表存在宿主机物理内存中, 由 nCR3 索引。当使用客户机虚拟地址时, 会自动调用两层页表（gPT 和 nPT）将客户机虚拟地址转换成宿主机物理地址, 如图 3-9 所示。

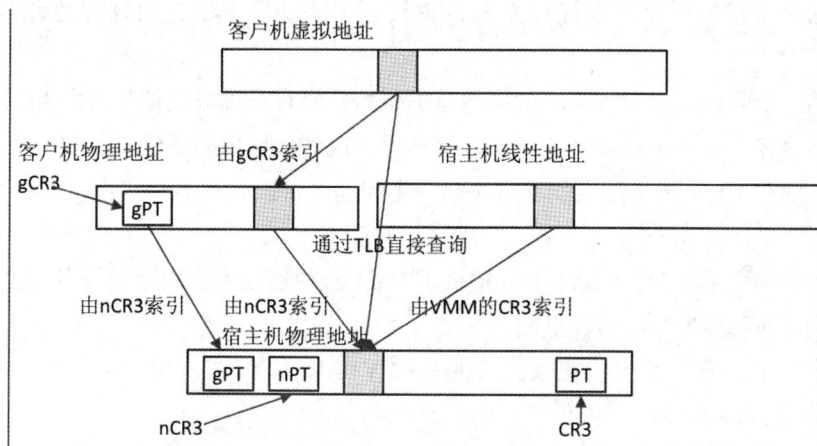

图 3-9 NPT 原理图

当地址转换完毕, TLB 将会保存客户机虚拟地址到宿主机物理地址之间的映射关系。

3.4 I/O 虚拟化实现技术研究

通过软件的方式实现 I/O 虚拟化, 目前有两种比较流行的方式, 分别是"设备模拟"和"类虚拟化",两种方式都有各自的优缺点。前者通用性强,但性能不理想。后者性能不错,却又缺乏通用性。为此,英特尔公司发布了 VT-d 技术(Intel(R)Virtualization Technology for Directed I/O),以帮助虚拟软件开发者实现通用性强、性能高的新型 I/O 虚拟化技术。

在介绍 I/O 虚拟化设备之前,先来介绍一下评价 I/O 虚拟技术的两个指标——性能和通用性。针对性能,越接近无虚拟机环境,则 I/O 性能越好。针对通用性,使用的 I/O 虚拟化技术对客户机操作系统越透明,则通用性越强。通过 Intel VT-d 技术,可以很好地实现这两个指标。

那么要实现这两个指标,面临哪些挑战呢?

(1)如何让客户机直接访问到设备真实的 I/O 地址空间(包括端口 I/O 和 MMIO)?

(2)如何让设备的 DMA 操作直接访问到客户机的内存空间?设备无法区分运行的是虚拟机还是真实操作系统,它只管用驱动提供给它的物理地址做 DMA 操作。

第一个问题和通用性面临的问题是类似的,要有一种方法把设备的 I/O 地址空间告诉给客户机操作系统,并且能让驱动通过这些地址访问到设备真实的 I/O 地址空间。现在 VT-x 技术已经能够解决第一个问题,可以允许客户机直接访问物理的 I/O 空间。

针对第二个问题,Intel VT-d 提供了 DMA 重映射技术,以帮助设备的 DMA 操作直接访问到客户机的内存空间。

本小节主要介绍当前比较流行的 Intel VT-d,IOMMU,SR-IOV(Single-Root I/O Virtualization)和 Virtio。

3.4.1 Intel VT-d

Intel VT-d 技术通过在北桥(MCH)引入 DMA(Direct Memory Access,直接内存访问)重映射硬件,以提供设备重映射和设备直接分配的功能。在启用 VT-d 的平台上,设备所有的 DMA 传输都会被 DMA 重映射硬件截获。根据设备对应的 I/O 页表,硬件可以对 DMA 中的地址进行转换,使设备只能访问到规定的内存。使用 VT-d 后,设备访问内存的架构如图 3-10 所示。

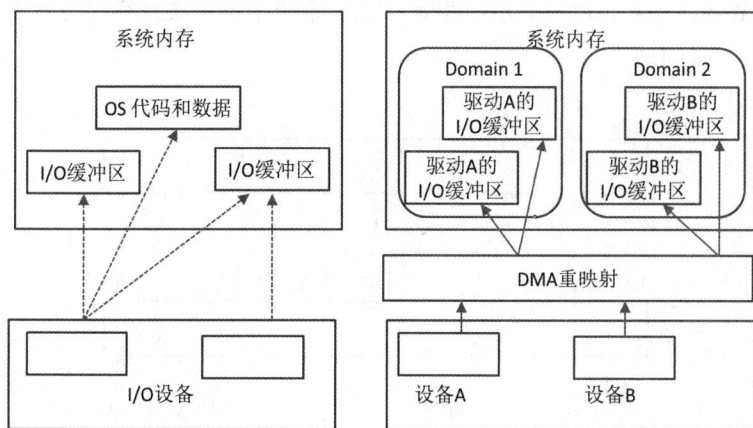

图 3-10　使用 VT-d 后设备访问内存的架构

图 3-10 左图中是没有启动 VT-d 的情况，此时设备的 DMA 可以访问整个物理内存。图 3-10 右图中是启用 VT-d 的情况，此时设备的 DMA 只能访问指定的物理内存。

DMA 重映射技术是 VT-d 技术提供的最关键的功能之一，DMA 重映射的基本原理是：

在进行 DMA 操作时，设备需要做的就是向（从）驱动程序告知的"物理地址"复制（读取）数据。然而，在虚拟机环境下，客户机使用的是 GPA，那么客户机驱动操作设备也用 GPA。但是设备在进行 DMA 操作时，需要使用 MPA（Memory Physical Address，内存物理地址），于是 I/O 虚拟化的关键问题就是如何在操作 DMA 时将 GPA 转换成 MPA。VT-d 技术提供了 DMA 重映射技术就是来解决这个在进行 DMA 操作时将 GPA 转换成 MPA 的问题。

PCI 总线结构通过设备标示符（BDF）可以索引到任何一条总线上的任何一个设备，而 VT-d 中的 DMA 总线传输中也包含一个 BDF 用于标识 DMA 操作发起者。除了 BDF 外，VT-d 还提供了两种数据结构来描述 PCI 架构，分别是根条目（Root Entry）和上下文条目（Content Entry）。下面，将分别介绍一下这两种数据结构。

（1）根条目

根条目用于描述 PCI 总线，每条总线对应一个根条目。由于 PCI 架构支持最多 256 条总线，故最多可以有 256 个根条目。这些根条目一起构成一张表，称为根条目表（Root Entry Table）。有了根条目表，系统中每一条总线都会被描述到。图 3-11 是根条目的结构。

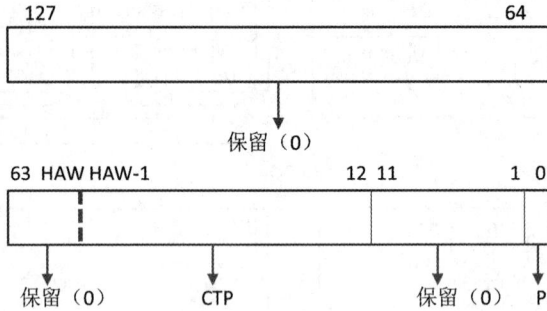

图 3-11　根条目的结构

图 3-11 中主要字段解释如下：

P：存在位。P 为 0 时，条目无效，来自该条目所代表总线的所有 DMA 传输被屏蔽。P 为 1 时，该条目有效。

CTP（Context Table Point，上下文表指针）：指向上下文条目表。

（2）上下文条目

上下文条目用于描述某个具体的 PCI 设备，这里的 PCI 设备是指逻辑设备（BDF 中 function 字段）。一条 PCI 总线上最多有 256 个设备，故有 256 个上下文条目，它们一起组成上下文条目表（Context Entry Table）通过上下文条目表，可描述某条 PCI 总线上的所有设备。图 3-12 是上下文条目的结构。

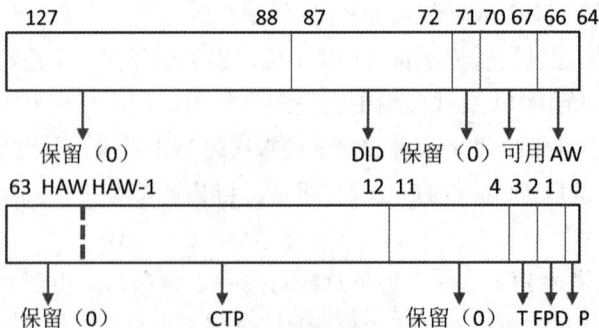

图 3-12　上下文条目的结构

图 3-12 中主要字段解释如下。

P：存在位。为 0 时条目无效，来自该条目所代表设备的所有 DMA 传输被屏蔽。为 1 时，表示该条目有效。

T：类型，表示 ASR 字段所指数据结构的类型。目前，VT-d 技术中该字段为 0，表示多级页表。

ASR（Address Space Root，地址空间根）：实际是一个指针，指向 T 字段所代表的数据结构，目前该字段指向一个 I/O 页表。

DID（Domsin ID，域标识符）：DID 可以看作用于唯一标识该客户机的标识符。

根条目表和上下文条目表共同构成了图 3-13 所示的两级结构。

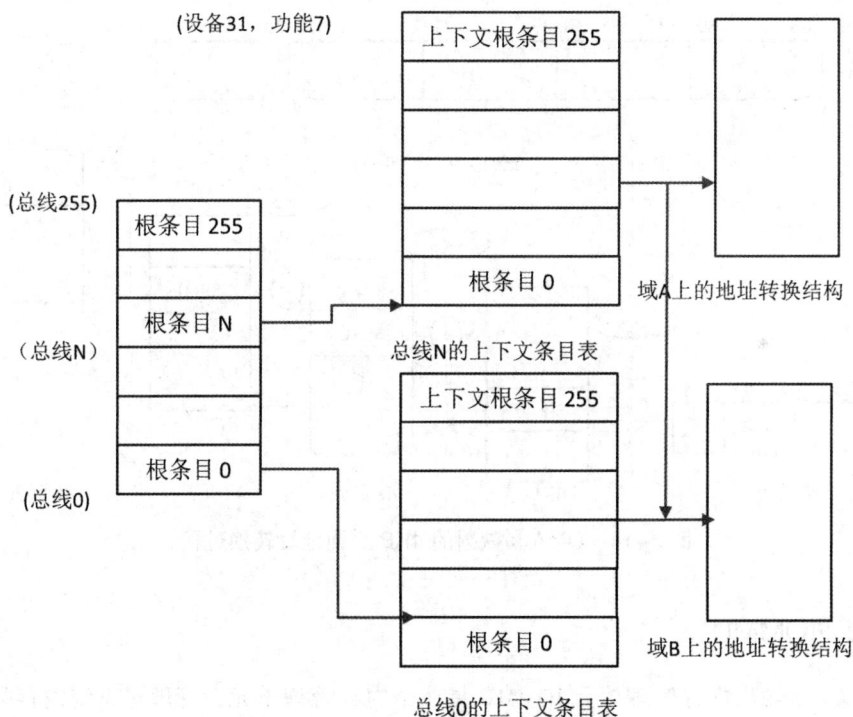

图 3-13　根条目表和上下文条目表构成的两级结构

当 DMA 重映射硬件捕获一个 DMA 传输时，通过其中 BDF 的 bus 字段索引根条目表，可以得到产生该 DMA 传输的总线对应的根条目。由根条目的 CTP 字段可以获得上下文条目表，用 BDF 中的 {dev, func} 索引该表，可以获得发起 DMA 传输的设备对应的上下文条目。从上下文条目的 ASR 字段，可以寻址到该设备对应的 I/O 页表此时，DMA 重映射硬件就可以做地址转换了。通过这样的两级结构，VT-d 技术可以覆盖平台上所有的 PCI 设备，并对它们的 DMA 传输进行地址转换。

I/O 页表是 DMA 重映射硬件进行地址转换的核心。它的思想和 CPU 中分页机制的页表类似，CPU 通过 CR3 寄存器就可以获得当前系统使用的页表的基地址，而 VT-d 需要借助根条目和上下文条目才能获得设备对应的 I/O 页表。VT-d 使用硬件查页表机制，整个地址转换过程对于设备、上层软件都是透明的。与 CPU 使用的页表相同，I/O 页表也支持多种粒度的页面大小，其中最典型的 4KB 页面地址转换过程如图 3-14 所示。

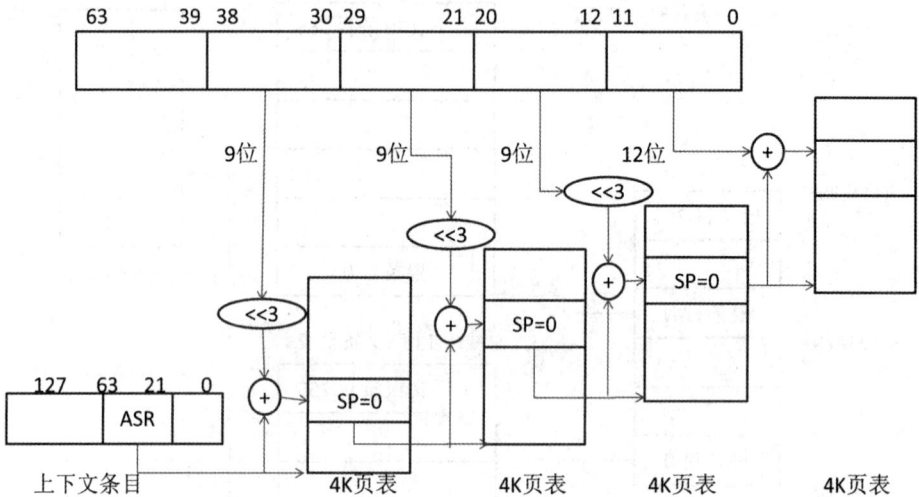

图 3-14 DMA 重映射的 4KB 页面地址转换过程

3.4.2 IOMMU

输入 / 输出内存管理单元 IOMMU 是一个内存管理单元，管理对系统内存的设备访问。它位于外围设备和主机之间，可以把 DMA I/O 总线连接到主内存上，将来自设备请求的地址转换为系统内存地址，并检查每个接入的适当权限。IOMMU 技术示意图如图 3-15 所示。

AMD 的 IOMMU 提供 DMA 地址转换，对设备读取和写入的权限检查的功能。通过 IOMMU，客户机操作系统中一个未经修改的驱动程序可以直接访问它的目标设备，从而避免了通过 VMM 运行产生的开销以及设备模拟。

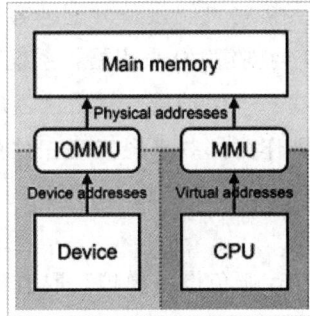

图 3-15　IOMMU 技术示意图

有了 IOMMU，每个设备可以分配一个保护域。这个保护域定义了 I/O 页的转译中将被用于域中的每个设备，并且指明每个 I/O 页的读取权限。对于虚拟化而言，VMM 可以指定所有设备分配到相同保护域中的一个特定客户机操作系统，这将创建一系列为运行在客户机操作系统中运行所有设备需要使用的地址转译和访问限制。

IOMMU 将页转译缓存在一个 TLB 中，当需要进入 TLB 时你需要键入保护域和设备请求地址。因为保护域是缓存密钥的一部分，所以域中的所有设备共享 TLB 中的缓存地址。

IOMMU 决定一台设备属于哪个保护域，然后使用这个域和设备请求地址查看 TLB。TLB 入口中包括读写权限标记以及用于转译的目标系统地址，因此，如果缓存中出现一个登入动作，会根据许可标记来决定是否允许该访问。

对于不在缓存中的地址而言，IOMMU 会继续查看设备相关的 I/O 页表格。而 I/O 页表格入口也包括连接到系统地址的许可信息。

因此，所有地址转译最重要是一次 TLB 或者页表是否能够被成功的查看，如果查看成功，适当的权限标记会告诉 IOMMU 是否允许访问。然后，VMM 通过控制 IOMMU 用来查看地址的 I/O 页表格，以控制系统页对设备的可见性，并明确指定每个域中每个页的读写访问权限。

IOMMU 提供的转译和保护双重功能提供了一种完全从用户代码、无须内核模式驱动程序操作设备的方式。IOMMU 可以被用于限制用户流程分配的内存设备

DMA，而不是使用可靠驱动程序控制对系统内存的访问。设备内存访问仍然是受特权代码保护的，但它是创建 I/O 页表格的特权代码。

IOMMU 通过允许 VMM 直接将真实设备分配到客户机操作系统让 I/O 虚拟化更有效。有了 IOMMU，VMM 会创建 I/O 页表格将系统物理地址映射到客户机物理地址，为客户机操作系统创建一个保护域，然后让客户机操作系统正常运转。针对真实设备编写的驱动程序则作为那些未经修改、对底层转译无感知的客户机操作系统的一部分而运行。客户 I/O 交易通过 IOMMU 的 I/O 映射被从其他客户独立出来。

总而言之，AMD 的 IOMMU 避免设备模拟，取消转译层，允许本机驱动程序直接配合设备，极大地降低了 I/O 设备虚拟化的开销。

3.4.3 SR-IOV

前面介绍了利用 Intel VT-d 技术实现设备的直接分配，但使用这种方式有一种缺点，即一个物理设备资源只能分配给一个虚拟机使用。为了实现多个虚拟机共用同一物理设备资源并使设备直接分配，PCI-SIG 组织发布了一个 I/O 虚拟化技术标准——SR-IOV。

SR-IOV 是 PCI-SIG 组 织 公 布 的 一 个 新 规 范，全 称 为 Single Root I/O Virtualization，旨在消除 VMM 对虚拟化 I/O 操作的干预，以提高数据传输的性能。这个规范定义了一个标准的机制，可以实现多个设备的共享，它继承了 Passthrough I/O 技术，绕过虚拟机监视器直接发送和接收 I/O 数据，同时还利用 IOMMU 减少内存保护和内存地址转换的开销。

一个具有 SR-IOV 功能的 I/O 设备是基于 PCIe 规范的，具有一个或多个物理设备（PF，Physical Function），PF 是标准的 PCIe 设备，具有唯一的申请标识 RID。而每一个 PF 可以用来管理并创建一个或多个虚拟设备（VF，Virtual Function），VF 是"轻量级"的 PCIe 设备。具有 SR-IOV 功能的 I/O 设备如图 3-16 所示。

每一个 PF 都是标准的 PCIe 功能，并且关联多个 VF。每一个 VF 都拥有与性能相关的关键资源，如收发队列等，专门用于软件实体在运行时的性能数据运转，而且与其他 VF 共享一些非关键的设备资源。因此每一个 VF 都有独立收发数据包的能力。若把一个 VF 分配给一台客户机，该客户机可以直接使用该 VF 进行数据包的发送和接收。最重要的是，客户机通过 VF 进行 I/O 操作时，可以绕过虚拟机监视器直接发送和接收 I/O 数据，这正是直接 I/O 技术最重要的优势之一。

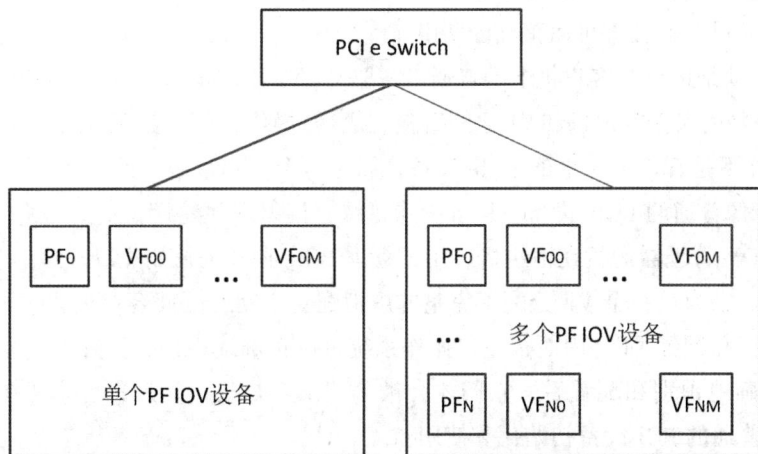

图 3-16 具有 SR-IOV 功能的 I/O 设备

SR-IOV 的实现模型包含三部分：PF 驱动、VF 驱动和 SR-IOV 管理器（IOVM）。SR-IOV 的实现模型如图 3-17 所示。

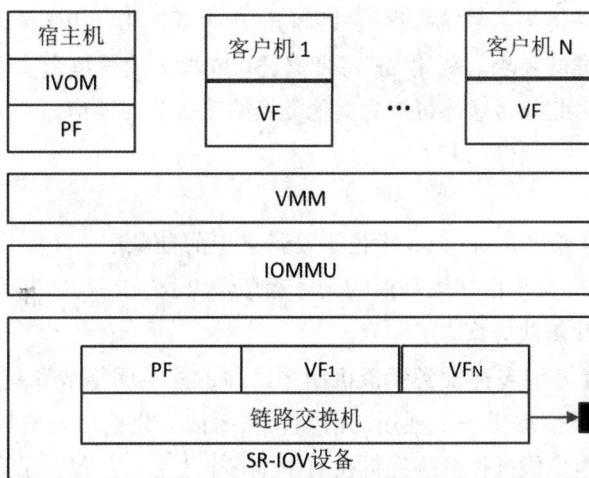

图 3-17 SR-IOV 实现模型

PF 驱动，运行在宿主机上，可以直接访问 PF 的所有资源。PF 驱动主要用来创建、配置和管理虚拟设备，即 VF。它可以来设置 VF 的数量，全局的启动或停止 VF，还可以进行设备相关的配置。PF 驱动同样负责配置两层分发，以确保从 PF 或者 VF 进入的数据可以正确的路由。

VF 驱动是运行在客户机上的普通设备驱动，VF 驱动只有操作相应 VF 的权限。VF 驱动主要用来在客户机和 VF 之间直接完成 I/O 操作，包括数据包的发送和接收。由于 VF 并不是真正意义上的 PCIe 设备，而是一个"轻量级"的 PCIe 设备，因此 VF 也不能像普通的 PCIe 设备一样被操作系统直接识别并配置。

SR-IOV 管理器运行在宿主机，用于管理 PCIe 拓扑的控制点以及每一个 VF 的配置空间。它为每一个 VF 分配了完整的虚拟配置空间，因此客户机能够像普通设备一样模拟和配置 VF，因而宿主机操作系统可以正确地识别并配置 VF。当 VF 被宿主机正确地识别和配置后，它们才会被分配给客户机，然后在客户机操作系统中被当作普通的 PCI 设备初始化和使用。

具有 SR-IOV 功能的设备可以利用以下优点：

（1）提高系统性能。采用 Passthrough 技术，将设备分配给指定的虚拟机，可以达到基于本机的性能。利用 IOMMU 技术，改善了中断重映射技术，减少客户及从硬件中断到虚拟中断的处理延迟。

（2）安全性优势。通过硬件辅助，数据安全性得到加强。

（3）可扩展性优势。系统管理员可以利用单个高宽带的 I/O 设备代替多个低带宽的设备达到带宽的要求。利用 VF 将带宽进行隔离，使得单个物理设备好像是隔离的多物理设备。此外，这还可以为其他类型的设备节省插槽。

3.4.4 Virtio

Virtio 是半虚拟化 hypervisor 中位于设备之上的抽象层，主要用来提高虚拟化的 I/O 性能。Virtio 最早由澳大利亚的天才程序员 Rusty Russell 开发，用来支持自己的 Lguest 虚拟化解决方案。

Virtio 并没有提供多种设备模拟机制（比如，针对网络块和其他驱动程序），而是为这些设备模拟提供一个通用的前端，从而标准化接口和增加代码的跨平台重用。在这里，客户机操作系统运行在 Hypervisor 之上，并包含了充当前端的驱动程序。而 Hypervisor 为特定的设备模拟实现后端驱动程序。通过在这些前端和后端驱动程序中的 Virtio，为开发模拟设备提供标准化接口，从而增加代码的跨平台重用率并提高效率。现在，很多虚拟机都采用了 Virtio 半虚拟化驱动来提高性能，例如 KVM 和 Lguest。

Virtio 的基本架构如图 3–18 所示。

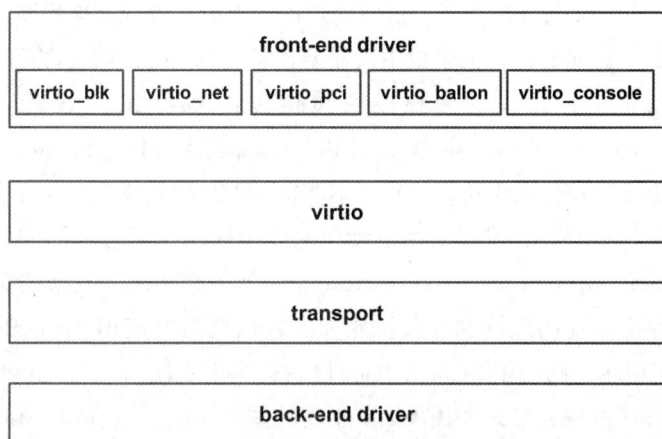

图 3–18　Virtio 的基本架构

前端驱动程序（front–end driver），即 virtio–blk、virtio–net、virtio–pci、virtio–ballon 和 virtio–console，是在客户机操作系统中实现的。

后端驱动程序（back–end driver），是在 Hypervisor 中实现的。另外，Virtio 还定义了两个层来支持客户机操作系统与 Hypervisor 之间的通信。

Virtio 是虚拟队列接口，它在概念上将前端驱动程序附加到后端驱动程序。一个驱动程序可以使用 0 个或多个队列，队列的具体数量取决于该驱动程序实现的需求。例如，virtio–net 这个网络驱动程序使用两个虚拟队列，一个用于接收，另一个用于发送。而 virtio–blk 块设备驱动程序仅使用一个虚拟队列。虚拟队列实际上是跨越客户机操作系统和 Hypervisor 的衔接点，可以通过任意方式实现，但前提是客户机操作系统和 Hypervisor 必须以相同的方式实现它。

transport 实现了环形缓冲区，用于保存前端驱动和后端处理程序的执行信息，在该环形缓冲区可以一次性保存前端驱动的多次 I/O 请求，并且交由后端驱动去批量处理，最后调用宿主机中的设备驱动来实现物理上的 I/O 操作，这样就实现了批量处理，而不是客户机中每次 I/O 请求都处理一次，从而提高客户机与 Hypervisor 信息交换的效率。

现在，使用 Virtio 半虚拟化驱动方式，可以获得很好的 I/O 性能，其性能几乎可以达到和 native（即非虚拟化环境中的原生系统）差不多。

目前，在宿主机中除了一些比较老的 Linux 系统不支持 Virtio，Linux2.6.24 及以上的内核版本都已支持 Virtio，而且较新的 Linux 发行版本都已经将 Virtio 相关驱动编译成内核，可以直接为客户机使用。由于 Virtio 后端处理程序是在位于用户空间的 QEMU 中实现的，在宿主机中只需要比较新的 Linux 内核即可。

以 Utuntu 为例，相关的内核模块包括 virtio.ko、virtio _ring.ko、virtio _pci.ko、virtio _balloon.ko、virtio _net.ko、virtio _blk.ko 等。其中，virtio、virtio_ring 和 virtio_pci 驱动程序是公用模块，提供了对 Virtio API 的基本支持，是任何 Virtio 前端驱动都必须使用的，其他模块都依赖于这三个模块，而且它们的加载是由一定顺序的，要按照 virtio、virtio _ring、virtio _pci 的顺序加载。其余的驱动可以根据实际需要进行选择性的编译和加载。比如，客户机需要使用 Virtio 驱动的 balloon 动态内存分配功能，则启用 virtio_balloon 模块；客户机使用 Virtio 驱动的网卡功能，则启用 virtio_net 模块；如果使用 Virtio 驱动的硬盘功能，则启用 virtio_blk 模块。

以 Ubuntu14.04 版本的内核配置文件为例，其中与 Virtio 相关的配置如下：

```
CONFIG_NET_9P_Virtio=m
CONFIG_Virtio_BLK=y
CONFIG_SCSI_Virtio=m
CONFIG_Virtio_NET=y
CONFIG_CAIF_Virtio=m
CONFIG_Virtio_CONSOLE=y
CONFIG_HW_RANDOM_Virtio=m
CONFIG_Virtio=y
CONFIG_Virtio_PCI=y
CONFIG_Virtio_BALLOON=y
CONFIG_Virtio_MMIO=y
CONFIG_Virtio_MMIO_CMDLINE_DEVICES=y
CONFIG_Virtio_BLK=y
CONFIG_SCSI_Virtio=m
```

还可以通过命令查找系统中加载的 Virtio 相关模块，如下：

```
lsmod | grep virtio
```

由于 Windows 操作系统不是开源的操作系统，微软公司本身没有提供 Virtio 相关的驱动，因此需要额外安装特定驱动来支持 Virtio。以 Utuntu14.04 为例，包含一个名为 virtio-win 的 RPM 软件包，能为许多 Windows 版本提供 Virtio 相关的驱动。

3.5　网络虚拟化实现技术研究

在传统的数据中心中，每个网口对应唯一一个物理机；引入云计算模式后，利用虚拟化技术一台物理网卡可能会承载多个虚拟网卡。物理网卡与虚拟网卡之间的关系有以下三种情况：

一对一，一个物理网卡对应对一个虚拟网卡，是下面一对多情况的一种特例。

一对多，一个物理网卡对应多个虚拟网卡，是当前网络虚拟化中运用最广泛的一种。

多对一，多个物理网对应一个虚拟网卡，即常说的 bonding，用作负载均衡。

图 3-19 中显示了网络虚拟化实现的主要内容。目前，对网络的虚拟化主要集中在第 2 层和第 3 层，在 Linux 系统中，第 2 层通常使用 TAP 设备来实现虚拟网卡，使用 Linux Bridge 来实现虚拟交换机，第 3 层通常是基于 Iptable 的 NAT，路由及转发。

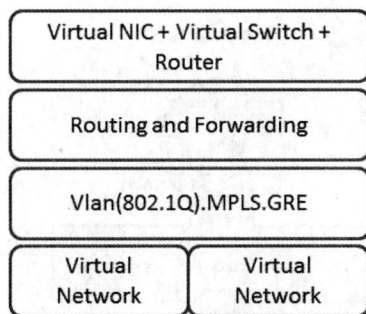

图 3-19　网络虚拟化实现架构

对于网络隔离，可以采用传统的基于 802.1Q 协议的 VLAN 技术，但这受限于 VLAN ID 大小范围的限制，并且需要手动地在各物理交换机上配置 VLAN；也可以采用虚拟交换机软件，如 Openvswitch，它可以自动创建 GRE 隧道避免手动为物理交换机配置 VLAN。

3.5.1 Linux Bridge 网桥

Bridge 网桥是 Linux 系统上用来做 TCP/IP 二层协议交换的设备，与现实世界中的交换机功能相似。Bridge 设备实例可以和 Linux 上其他网络设备实例连接，既 attach 一个从设备，类似于现实世界中的交换机和一个用户终端之间连接一根网线。当有数据到达时，Bridge 会根据报文中的 MAC 地址信息进行广播、转发、丢弃等处理。

Linux 内核通过一个虚拟的网桥设备来实现桥接的，这个设备可以绑定若干个以太网接口设备，从而将它们桥接起来。例如，网桥设备 br0 既能绑定 eth0 这样的物理网络设备又能桥接虚拟机 VM 对应的虚拟设备 vnet0，实现虚拟机网络与外部网络的连通。对于网络协议栈的上层来说，只看得到 br0，因为桥接是在数据链路层实现的，上层不需要关心桥接的细节。于是协议栈上层需要发送的报文被送到 br0，网桥设备的处理代码再来判断报文该被转发到 eth0 或是 eth1，或者两者皆是；反过来，从 eth0 或从 eth1 接收到的报文被提交给网桥的处理代码，在这里会判断报文该转发、丢弃，或提交到协议栈上层。图 3-20 中网桥 br0 实现 VM1 与物理网卡 eth0 的通信。当有数据到达 eth0 时，br0 会将数据转发给 vnet0，这样 VM1 就能接收到来自外网的数据；反过来，VM1 发送数据给 vnet0，br0 也会将数据转发到 eth0，从而实现了 VM1 与外网的通信。

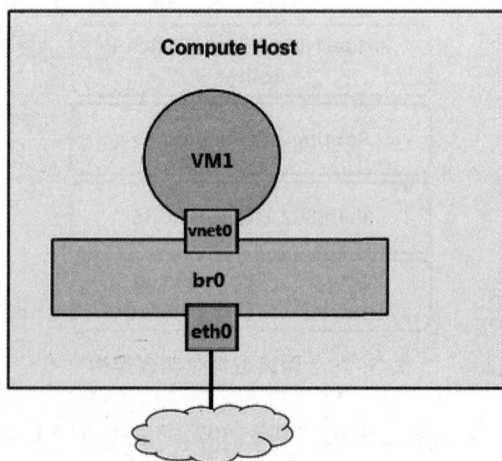

图 3-20　网桥 br0 桥接 vnet0 与 eth0

如图 3-21 所示,现在增加一个虚拟机 VM2,将 VM2 的虚拟网卡 vnet1 桥接到 br0 上,这样就可以实现 VM1 和 VM2 之间的网络通信,同时保证 VM1、VM2 和外部网络互通。

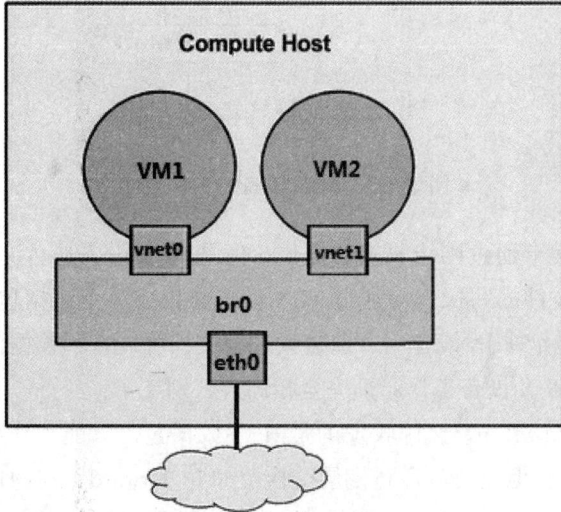

图 3-21 网桥 br0 桥接 vnet0、vnet1 与 eth0

3.5.2 TUN/TAP 设备

TUN 设备是一种虚拟网络设备,通过此设备,程序可以方便得模拟网络行为。传统物理网络设备的工作原理如图 3-22 所示。

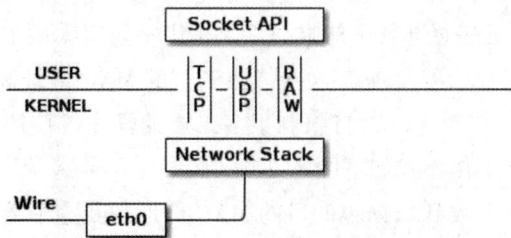

图 3-22 物理网络设备的工作原理

所有物理网卡收到的包会交给内核的 Network Stack 处理,然后通过 Socket API 通知给用户程序,TUN 设备的工作原理如图 3-23 所示。

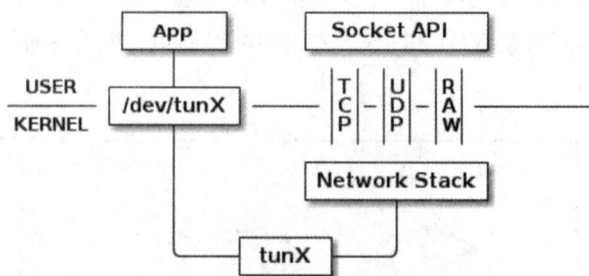

图 3-23 TUN 设备的工作原理

普通的物理网卡通过网线收发数据包，但是 TUN 设备通过一个文件收发数据包。所有对这个文件的写操作会通过 TUN 设备转换成一个数据包送给内核；当内核发送一个数据包给 TUN 设备时，通过读这个文件可以拿到数据包的内容。

TAP 设备与 TUN 设备工作原理完全相同，区别在于：

TUN 设备的 /dev/tunX 文件收发的是 IP 层数据包，只能工作在 IP 层，无法与物理网卡做 bridge，但是可以通过三层交换（如 ip_forward）与物理网卡连通。

TAP 设备的 /dev/tapX 文件收发的是 MAC 层数据包，拥有 MAC 层功能，可以与物理网卡做 bridge，支持 MAC 层广播。

3.5.3 MACVLAN/MACVTAP 设备

MACVLAN 技术提出一种将一块以太网卡虚拟成多块以太网卡的极简单的方案。一块以太网卡需要有一个 MAC 地址，这就是以太网卡的核心。

以往，我们只能为一块以太网卡添加多个 IP 地址，却不能添加多个 MAC 地址，因为 MAC 地址正是通过其全球唯一性来标识一块以太网卡的，即便使用了创建 ethx:y 这样的方式，会发现所有这些"网卡"的 MAC 地址和 ethx 都是一样的，本质上，它们还是一块网卡，这将限制很多二层的操作。使用 MACVLAN 技术可以解决这个问题。其工作方式如下图 3-24 所示。

MACVLAN 会根据收到数据包的目的 MAC 地址判断这个数据包需要交给哪个虚拟网卡。单独使用 MACVLAN 好像毫无意义，但是配合 network namespace 使用，可以构建这样的网络，如图 3-25 所示。

由于 MACVLAN 与 eth0 处于不同的 namespace，拥有不同的 network stack，这样使用可以不需要建立 Bridge 在 virtual namespace 里面使用网络。

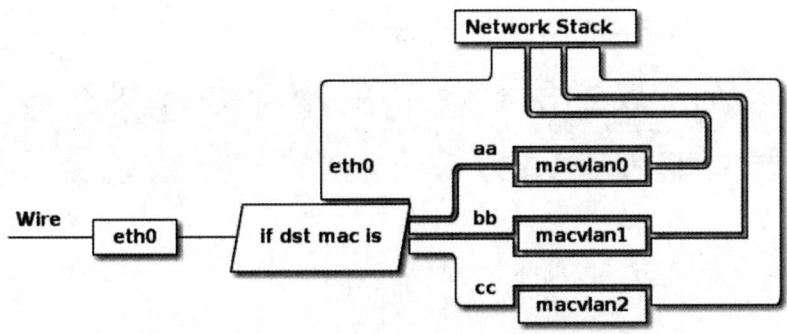

图 3-24 MACVLAN 设备的工作原理

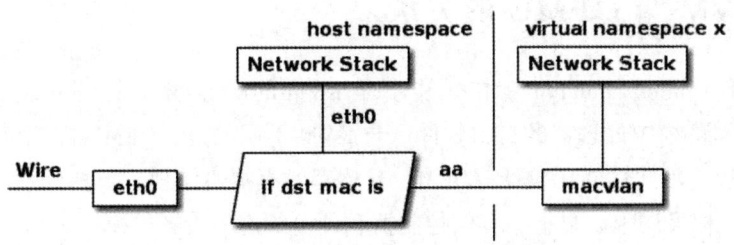

图 3-25 MACVLAN 实现网卡虚拟化

MACVTAP 是对 MACVLAN 的改进，综合了 MACVLAN 与 TAP 设备的特性，使用 MACVLAN 的方式收发数据包，但是收到的数据包不交给 network stack 处理，而是生成一个 /dev/tapX 文件，将数据写入到这个文件中去，其工作原理如图 3-26 所示。

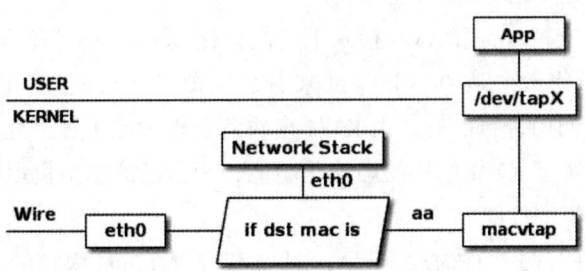

图 3-26 MACVTAP 设备的工作原理

第四章　基于 KVM 的虚拟化功能模块配置

4.1　KVM 与 QEMU 的关系

QEMU（quick emulator）本身并不是 KVM 的一部分，而是一套由 Fabrice Bellard 编写的模拟处理器的自由软件。与 KVM 不同的是，QEMU 虚拟机是一个纯软件的实现，因此性能比较低。QEMU 有整套的虚拟机实现，包括处理器虚拟化、内存虚拟化以及网卡，显卡，存储控制器和硬盘等虚拟设备的模拟。

QEMU 有两种运作模式：

（1）User Mode 模拟模式，即用户模式，QEMU 能启动由不同中央处理器编译的 Linux 程序，可以在一种架构（例如 PC 机）下运行另一种架构（如 ARM）下的操作系统和程序。

（2）System Mode 模拟模式，即系统模式，QEMU 能模拟整个电脑系统，包括中央处理器及其他周边设备。在此模式下，QEMU 可以直接使用宿主机的系统资源，让虚拟机获得接近于宿主机的性能表现。

由于 QEMU 支持 Xen 和 KVM 模式下的虚拟化，KVM 为了简化开发和代码重用，对 QEMU 进行了修改。从 QEMU 角度来看，虚拟机运行期间，QEMU 通过 KVM 模块提供的系统调用进行内核，由 KVM 模块负责将虚拟机置于处理器的特殊模式运行。QEMU 使用了 KVM 模块的虚拟化功能，为自己的虚拟机提供硬件虚拟化加速，来提高虚拟机的性能。

KVM 模块是 KVM 的核心，但是，KVM 仅仅是 Linux 内核的一个模块，管理和创建完整的 KVM 虚拟机，需要其他的辅助工具。一个 KVM 虚拟机都是一个由 Linux 调度程序管理的标准进程，仅有 KVM 模块是远远不够的，因为用户无法直接控制内核模块去做事情，因此，还必须有一个用户空间的工具才行。这个辅助的用户空间的工具，开发者选择了已经成型的开源虚拟化软件 QEMU。QEMU 是一个强大的虚拟化软件，KVM 使用了 QEMU 的基于 x86 的部分，并稍加改造，形成可控制 KVM 内核模块的用户空间工具 QEMU。所以 Linux 发行版中分为 kernel 部分的 KVM 内核模块和 QEMU 工具。这就是 KVM 和 QEMU 的关系。

KVM 和 QEMU 相辅相成，QEMU 通过 KVM 达到了硬件虚拟化的速度，而 KVM 则通过 QEMU 来模拟设备。对于 KVM 的用户空间工具，尽管 QEMU 工具可以创建和管理 KVM 虚拟机，但是，RedHat 为 KVM 开发了更多的辅助工具，比如 libvirt、virsh、virt-manager 等，QEMU 并不是 KVM 唯一的选择。

关于 QEMU 和 KVM 的关系，如果说的简单点，那就是 KVM 只模拟 CPU 和内存，因此一个客户机操作系统可以在宿主机上面跑起来，但是你看不到它，无法和它沟通。于是有人修改了 QEMU 的代码，把它模拟 CPU、内存的代码换成 KVM，而网卡、显示器等留着，因此 QEMU+KVM 就成了一个完整的虚拟化平台。

QEMU 与 KVM 之间的关系是典型的开源社区在代码共用和开发项目共用上面的合作。QEMU 可以选择其他的虚拟技术来为其加速，例如 Xen 或者 KQEMU，KVM 也可以选择其他的用户程序作为虚拟机实现，只需按照 KVM 提供的 API 进行设计即可。但是结合 QEMU 和 KVM 各自的发展，两者结合是目前最成熟的选择。

4.2　半虚拟化驱动的配置

4.1.1　Virtio 半虚拟化概述

客户机可以使用的设备大致分为三类：QEMU 纯软件模拟，使用 virtio API 半虚拟化的设备和直接分配设备。

QEMU 纯软件模拟的优点是对硬件的平台依赖性低，兼容性高，但是性能比较差。

使用 virtio API 半虚拟化的设备比普通的 IO 模拟效率高，但是需要相关的 virtio 驱动的支持。

直接分配设备允许将物理机上的设备直接给虚拟机用，缺点是，主板空间有限，而硬件的添加会加大成本。

完全虚拟化：客户操作系统运行在位于物理机器上的 Hypervisor 之上，如图4-1左边所示。客户操作系统并不知道它已被虚拟化，并且不需要任何更改就可以工作。

半虚拟化：客户操作系统不仅知道它运行在 Hypervisor 之上，还包括可以让客户操作系统更高效地过渡到 Hypervisor 的代码，如图4-1右边所示。

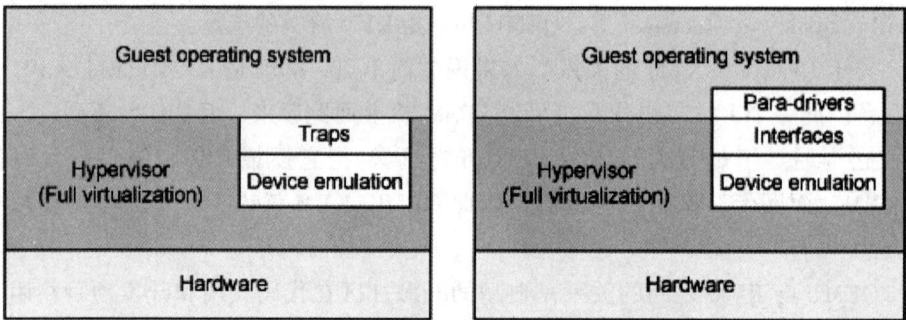

图4-1　完全虚拟化与半虚拟化环境下的设备模拟

在完全虚拟化模式中，Hypervisor 必须模拟设备硬件，例如：网络驱动程序，磁盘，显卡等。Hypervisor 必须捕捉这些请求，然后模拟物理硬件的行为，尽管运行未更改的操作系统，能够提供更大的灵活性，但同时也是最低效，最复杂的。

在半虚拟化中，客户操作系统和 Hypervisor 能够共同合作，让模拟更加高效。客户操作系统知道它运行在 Hypervisor 之上，并且包含相应的前端驱动程序。Hypervisor 为特定的设备模拟实现后端驱动程序，通过前端和后端 virtio 驱动程序的结合，为开发模拟设备提供标准化接口，从而增加代码的跨平台重用率并提高效率。缺点是操作系统知道它被虚拟化，并且需要修改才能工作。

（1）QUEM 模拟 I/O 设备

先来看下 QUEM 模拟 I/O 设备，如图4-2所示。

使用 QEMU 模拟 I/O 设备的情况下，当客户机中的设备驱动程序（device driver）发起 I/O 操作请求之时，KVM 模块中的 I/O 操作捕获代码会拦截这次 I/O 请求，然后经过处理后将本次 I/O 请求的信息存放到 I/O 共享页，并通知用户控件的 QEMU 程序。QEMU 模拟程序获得 I/O 操作的具体信息之后，交由硬件模拟代码来模拟出本次的 I/O 操作，完成之后，将结果放回到 I/O 共享页，并通知 KVM 模块中的 I/O 操作捕获代码。最后，由 KVM 模块中的捕获代码读取 I/O 共享页中的操作结果，并把结果返回到客户机中。当然，这个操作过程中客户机作为一个 QEMU 进程在等待 I/O 时也可能被阻塞。另外，当客户机通过 DMA（Direct Memory Access）访问大块 I/O 之时，QEMU 模拟程序将不会把操作结果放到 I/O 共享页中，而是通过内存映射的方式将结果直接写到客户机的内存中去，然后通过 KVM 模块告诉客户机 DMA 操作已经完成。

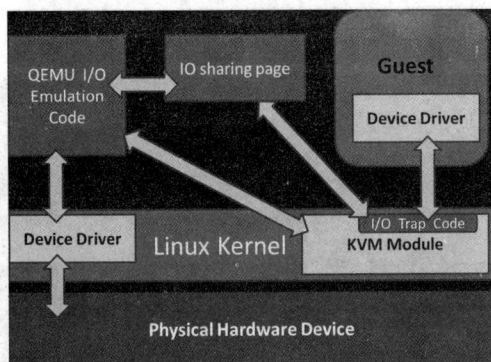

图 4-2　QUEM 模拟 I/O 设备

　　QEMU 模拟 I/O 设备的方式，其优点是可以通过软件模拟出各种各样的硬件设备，而且它不用修改客户机操作系统，就可以实现模拟设备在客户机中正常工作。在 KVM 客户机中使用这种方式，对于解决手上没有足够设备的软件开发及调试有非常大的好处。而它的缺点是，每次 I/O 操作的路径比较长，需要多次上下文切换，也需要多次数据复制，所以它的性能较差。

　　（2）Virtio 模拟 I/O 设备

　　再来看半虚拟化 Virtio 模拟 I/O 设备，在 KVM 中，Virtio 的基本框架如图 4-3 所示。

　　其中前端驱动如 virtio_blk、virtio_net、virtio_scsi 等，是在客户机中存在的驱动程序模块，而后端处理程序是在 QEMU 中实现的。在这前后端驱动之间，还定义了两层来支持客户机与 QEMU 之间的通信。其中，"virtio" 这一层是虚拟队列接口，它在概念上将前端驱动程序附加到后端处理程序。一个前端驱动程序可以使用 0 或多个队列，具体数量取决于需求。例如，virtio_net 网络驱动程序使用两个虚拟队列（一个用于接收，另一个用于发送），而 virtio_blk 块驱动程序仅使用一个虚拟队列。虚拟队列实际上被实现为客户机操作系统和 Hypervisor 的衔接点，但它可以通过任意方式实现，前提是客户机操作系统和 virtio 后端程序都遵循一定的标准，以相互匹配的方式实现它。而 virtio-ring 实现了环形缓冲区（ring buffer），用于保存前端驱动和后端处理程序执行的信息，并且它可以一次性保存前端驱动的多次 I/O 请求，并且交由后端去批量处理，最后实际调用宿主机中设备驱动实现物理上的 I/O 操作，这样做就可以根据约定实现批量处理而不是客户机中每次 I/O 请求都需要处理一次，从而提高客户机与 Hypervisor 信息交换的效率。

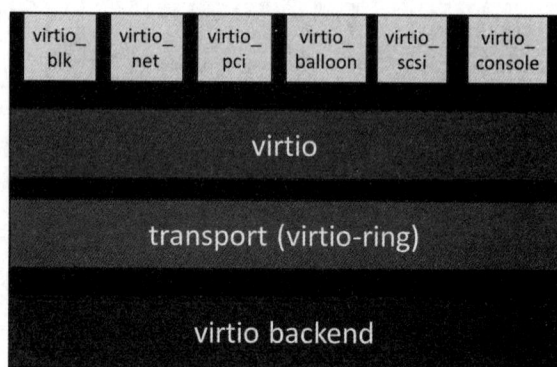

图 4-3　Virtio 模拟 I/O 设备

　　Virtio 半虚拟化驱动的方式，可以获得很好的 I/O 性能，其性能几乎可以达到和 native（即非虚拟化环境中的原生系统）差不多的 I/O 性能。所以，在使用 KVM 之时，如果宿主机内核和客户机都支持 Virtio 的情况下，一般推荐使用 Virtio 达到更好的性能。当然，Virtio 的也是有缺点的，它必须要客户机安装特定的 Virtio 驱动使其知道是运行在虚拟化环境中，且按照 Virtio 的规定格式进行数据传输，不过客户机中可能有一些老的 Linux 系统不支持 Virtio 和主流的 Windows 系统需要安装特定的驱动才支持 Virtio。不过，较新的一些 Linux 发行版（如 RHEL 6.3、Fedora 17 等）默认都将 Virtio 相关驱动编译为模块，可直接作为客户机使用 Virtio，而且对于主流 Windows（以下简称 Win）系统都有对应的 Virtio 驱动程序可供下载使用。

　　Virtio 是对半虚拟化 Hypervisor 中的一组通用模拟设备的抽象。该设置还允许 Hypervisor 导出一组通用的模拟设备，并通过一个通用的应用程序接口（API）让它们变得可用。有了半虚拟化 Hypervisor 之后，客户操作系统能够实现一组通用的接口，在一组后端驱动程序之上采用特定的设备模拟。后端驱动程序不需要是通用的，因为它们只实现前端所需的行为，Virtio 架构如图 4-4 所示。

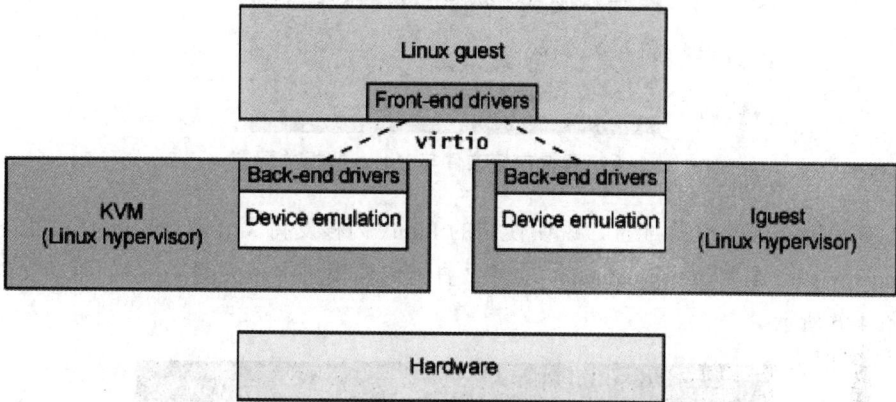

图 4-4　Virtio 架构

4.1.2　Linux 下 Virtio 的配置

Virtio 是一个比较成熟的技术，目前，在 Linux 的 2.6.24 及以上的内核版本中都支持 Virtio。Virtio 分为前端驱动和后端处理程序，前端驱动运行在客户机中，后端处理程序在宿主机的 QEMU 中实现。因此，在宿主机上，只需使用比较新的 Linux 内核，安装 QEMU 即可，不需要做特别的与 Virtio 相关的编译配置。而在客户机上，需要有特定的 Virtio 驱动的支持，以便客户机处理 I/O 操作请求时调用 Virtio 驱动而不是其原生的驱动程序。因此如果客户机是 Linux 系统时，只需要使用较新的 Linux 内核即可。如果客户机是 Windows 时，因为 Windows 操作系统不是开源操作系统，微软也没有提供 Windows 下相应的 Virtio 的驱动程序，所以需在宿主机上安装使得 Windows 支持 Virtio 的驱动。

Linux 作为宿主机时，需要在宿主机上安装 QEMU，在此不再赘述。Linux 作为客户机或宿主机时，都需要内核支持 Virtio。在目前流行的 Linux 的发行版本中，例如 Ubuntu，Feroda，RHEL6.x，其自带的内核都带有对 Virtio 的支持。

以 Ubuntu14.04 为例，查看内核配置文件中对 Virtio 相关的配置，命令为 "grep Virtio_ /boot/config-4.12.0-rc5+"，此处 "config-4.12.0-rc5+" 为所使用的操作系统的内核配置文件，可以根据自己的操作系统选择不同的文件即可。结果如图 4-5 所示：

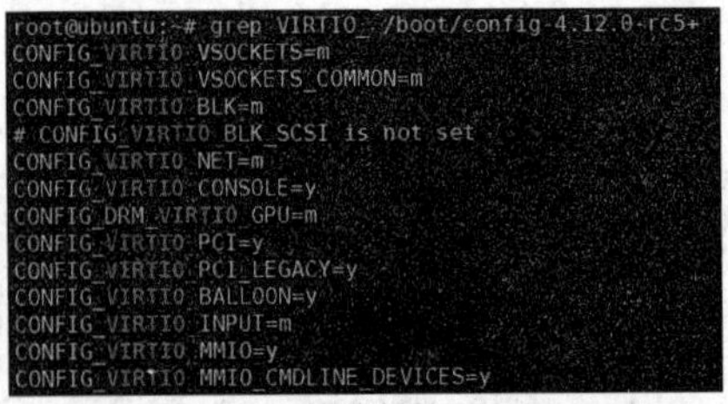

```
root@ubuntu:~# grep VIRTIO_ /boot/config-4.12.0-rc5+
CONFIG_VIRTIO_VSOCKETS=m
CONFIG_VIRTIO_VSOCKETS_COMMON=m
CONFIG_VIRTIO_BLK=m
# CONFIG_VIRTIO_BLK_SCSI is not set
CONFIG_VIRTIO_NET=m
CONFIG_VIRTIO_CONSOLE=y
CONFIG_DRM_VIRTIO_GPU=m
CONFIG_VIRTIO_PCI=y
CONFIG_VIRTIO_PCI_LEGACY=y
CONFIG_VIRTIO_BALLOON=y
CONFIG_VIRTIO_INPUT=m
CONFIG_VIRTIO_MMIO=y
CONFIG_VIRTIO_MMIO_CMDLINE_DEVICES=y
```

图 4-5　查看内核文件与 Virtio 的相关配置

如果能够显示这些配置，说明使用的 Linux 内核支持 Virtio。使用命令“find / –name “virtio*.ko” |grep $(uname － r)”，查看内核模块中相关的 Virtio 的驱动文件，如图 4-6 所示。

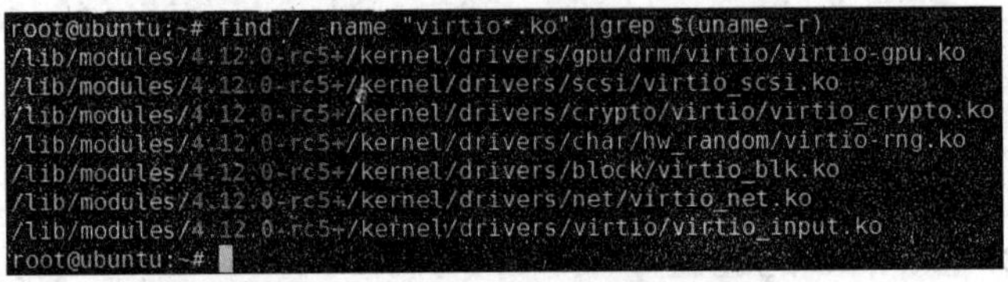

```
root@ubuntu:~# find / -name "virtio*.ko" |grep $(uname -r)
/lib/modules/4.12.0-rc5+/kernel/drivers/gpu/drm/virtio/virtio-gpu.ko
/lib/modules/4.12.0-rc5+/kernel/drivers/scsi/virtio_scsi.ko
/lib/modules/4.12.0-rc5+/kernel/drivers/crypto/virtio/virtio_crypto.ko
/lib/modules/4.12.0-rc5+/kernel/drivers/char/hw_random/virtio-rng.ko
/lib/modules/4.12.0-rc5+/kernel/drivers/block/virtio_blk.ko
/lib/modules/4.12.0-rc5+/kernel/drivers/net/virtio_net.ko
/lib/modules/4.12.0-rc5+/kernel/drivers/virtio/virtio_input.ko
root@ubuntu:~#
```

图 4-6　Linux 内核 Virtio 相关的驱动文件

4.1.3　Windows 下的 Virtio 的配置

（1）制作 Windows 镜像时使用 virtio 添加磁盘驱动

因为 Windows 操作系统本身没有提供 virtio 相关的驱动，因此需要额外安装 virtio 驱动程序。在启动 Win 7 虚拟机时，需要使用 virtio 作为磁盘和网络驱动，因此需要下载两个文件 virtio–win–1.1.16.vfd 和 virtio–win–0.1–81.iso。其中，virtio–win–0.1–81.iso 文件中包含了网卡驱动，virtio–win–1.1.16.vfd 文件包含了硬盘驱动。

可以在 KVM 的官网“https://www.linux–kvm.org/page/WindowsGuestDrivers/Download_Drivers”找到 virtio 的下载地址。如果是 ubuntu 系统直接在地址“https://launchpad.net/kvm–guest–drivers–windows/+ download”下找合适的版本即可。

“virtio–win–1.1.16.vfd”用于在制作 Windows 镜像时为系统提供硬盘驱动。“virtio–win–0.1–81.iso”用于在启动 Windows 系统后为系统提供网络驱动。

首先创建 Win 7 的镜像文件 Win 7.img，命令如下：

qemu–img create –f qcow2 Win 7.img 50G

创建一个 50GB 大小的镜像文件 Win 7.img（qcow2 格式）。其中“create”参

数为使用 qemu–img 命令创建镜像文件，"–f" 参数指定镜像文件的格式为 "qcow2"（qcow2 是一种硬盘的格式），镜像文件名为 Win 7.img，大小为 50GB。

接下来制作 Win 7 镜像的命令如下：

qemu–system–x86_64 –m 1024 –drive file=Win 7.img，cache=writeback，if=virtio，boot=on –fda virtio– win–1.1.16.vfd –cdrom Win 7–x86.iso –net nic –net user –boot order=d，menu=on ––enable–kvm –vnc :1

命令表示制作 Win 7.img 镜像文件，内存设置为 1024MB，开启 virtio，"–fda" 参数表示以软盘方式加载 "virtio–win–1.1.16.vfd" 文件，该文件中包含了系统硬盘驱动，"–cdrom" 表示使用 "Win 7–x86.iso" 系统 ISO 文件来制作 Win 7 镜像，设置默认的网络，以光盘启动系统，开启 KVM 虚拟化支持，使用 vnc 的 1 端口。

命令中 –boot 选项指定系统从什么进行引导。参数 order=d 表示从 CD–ROM 引导，order=a 表示从软盘引导，order=c 表示从硬盘引导（默认），而 order= n 表示从网络引导。

命令执行后，使用 VNCViewer 可以看到 Win 7 系统的安装界面，如图 4–7 所示。

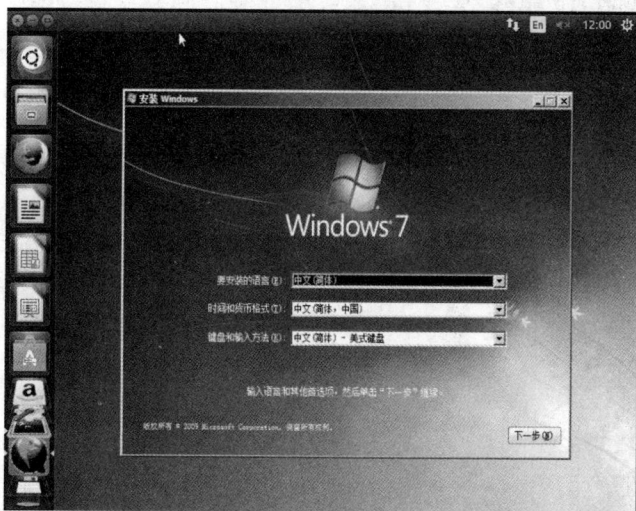

图 4–7　Window 7 的安装界面

在图 4–7 中选择"下一步"，在接下来的界面中选择安装的类型为"自定义（高级）"然后在图 4–8 中选择 Windows 7 的安装位置。因为没有相应的硬盘，所以应该首先加载硬盘驱动程序，在图4-8中点击"加载驱动程序"后，出现图4-9的界面，在该界面中可以看到以软盘方式加载的"virtio-Win-1.1.16.vfd"文件中提供的硬盘驱动文件，选中第三个"Win 7\viostor.inf"后，点击"下一步"，接下来对硬盘进行分区，并安装系统即可。

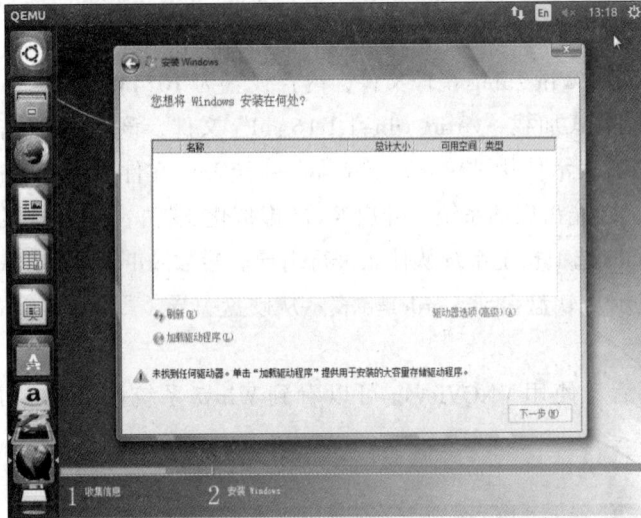

图 4-8　加载硬盘驱动程序

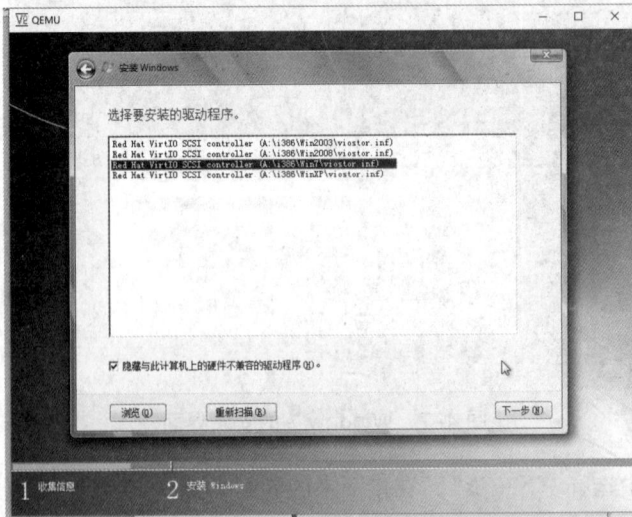

图 4-9　加载 virtio 提供的硬盘驱动

至此系统安装完毕，接下来使用 virtio 为 Win 7 系统添加网卡驱动，这时需要重新启动虚拟机。

（2）使用 virtio 为 Windows 添加网卡驱动

重启 Windows 7 虚拟机，将 virtio-win-0.1-81.iso 挂载为客户机的光驱，再从客户机上安装所需的 virtio 驱动程序，命令如下：

qemu-system-x86_64 -m 1024 -drive file=Win 7.img，cache=writeback，if=virtio，boot=on -cdrom virtio-win-0.1-81.iso -net nic，model=virtio -net user -boot order=c --enable-kvm -vnc :1

该命令表示，使用 1024M 内存，Win 7.img 为镜像文件，开启 virtio，"-cdrom"参数表示将"virtio-win-0.1-81.iso"文件作为系统光驱，"-net nic，model=virtio -net user"表示网络设置为 virtio 模式，"-boot order=c"表示从硬盘引导操作系统，"--enable-kvm"表示开启 kvm 虚拟化支持，"-vnc :1"表示使用 vnc 的 1 端口启动 Win 7 虚拟机。

命令执行后，使用 VNCViewer 可以看到 Win 7 系统的启动界面，如图 4-10 所示，输入制作镜像时设置的密码，进入系统。

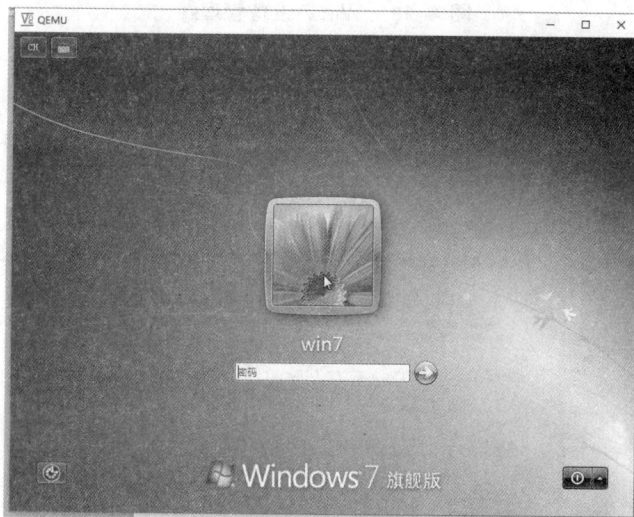

图 4-10　Win 7 虚拟机启动界面

进入 Windows 7 客户机时，会提示安装 virtio 的网卡驱动，如果不提示，你也可以手动安装 Virtio 如下：选择"我的电脑"，并单击右键，选择"管理"，在计算机管理中选择"设备管理"中的"网络适配器",如图 4-11 所示,右键点击"以太网控制器",在弹出的菜单中选择"更新驱动程序软件",出现图 4-12 的界面。

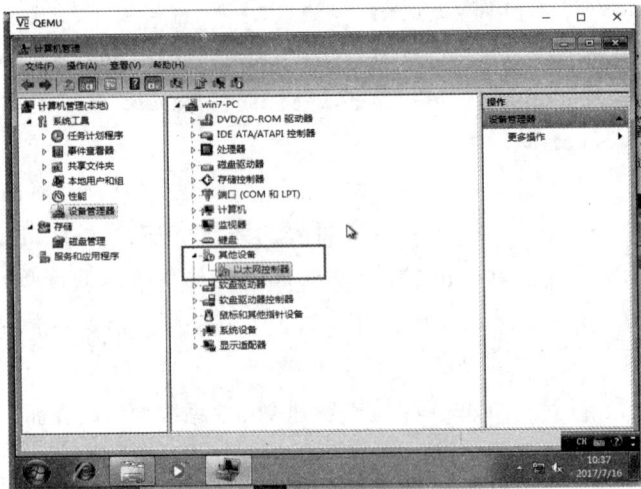

图 4-11　Win 7 设备管理器

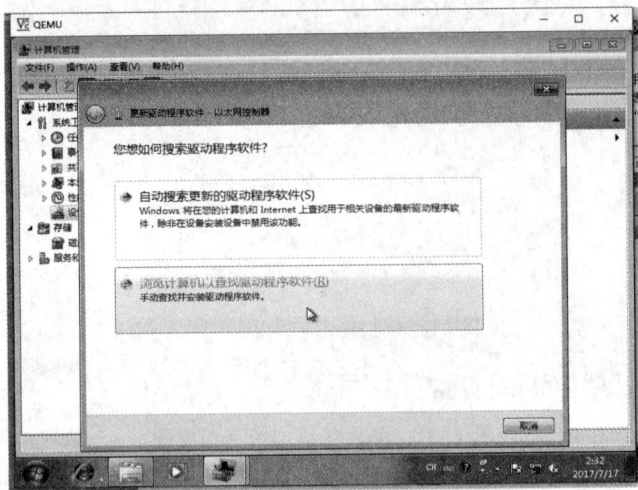

图 4-12　Win 7 中更新网络驱动程序

　　在图 4–12 中，选择"浏览计算机以查找驱动程序软件"，在图 4–13 中选择在使用文件"virtio–win–0.1 –81.iso"挂载的光驱中进行查找，点击"确定"后，选择光驱中合适的目录"D:\Win 7\X86"，"下一步"，会弹出 4–14 的界面。

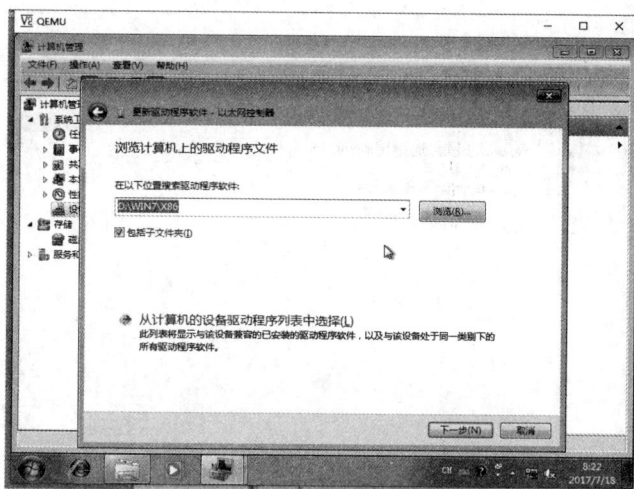

图 4–13　Win 7 中搜索网络驱动

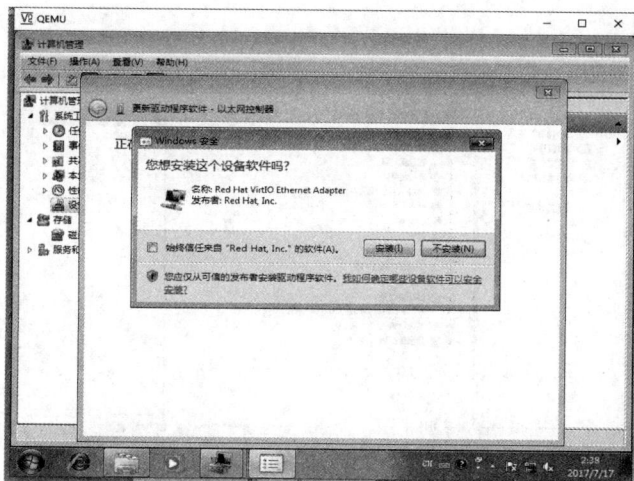

图 4–14　Win 7 安装网卡驱动

在图4-14中，点击"安装"，即可安装上由virtio提供的Red Hat Virtio Ehternet Adapter的网络驱动，如图4-15所示。这时，设备管理器界面如图4-16所示。

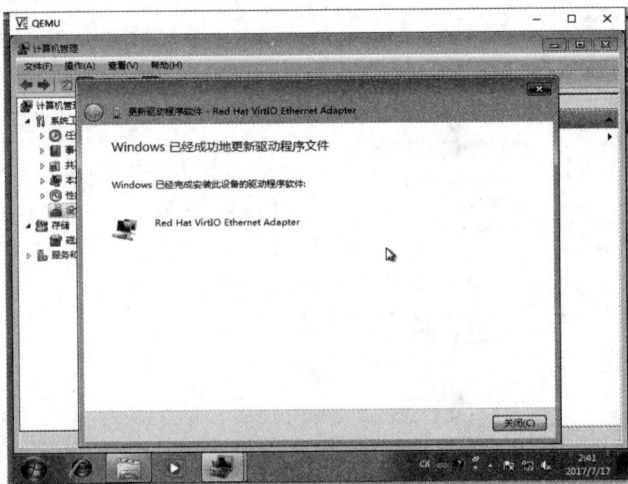

图4-15　Win 7 安装 Virtio Ehternet Adapter 成功

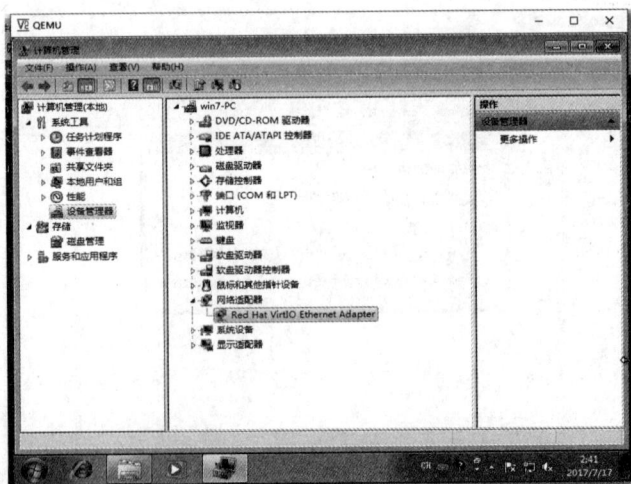

图4-16　Win 7 网络适配器安装成功

至此，Win 7 虚拟机网卡驱动安装成功，系统能正常上网，如图 4–17 所示。

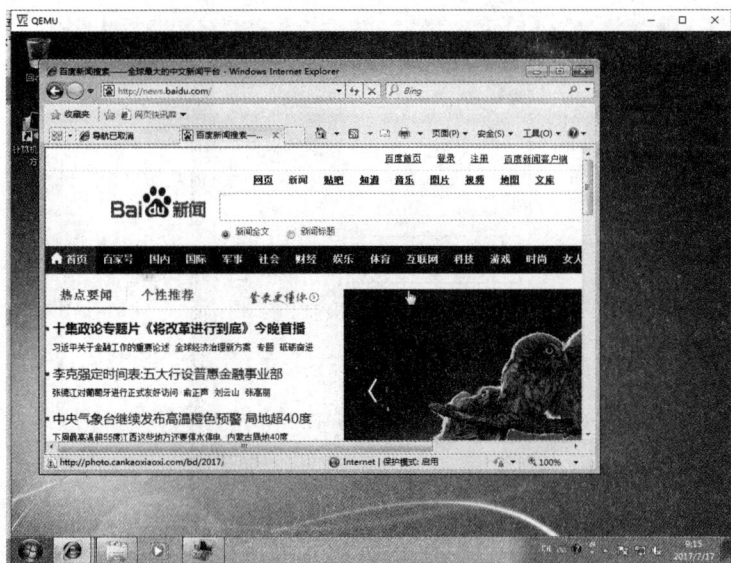

图 4–17　Win 7 虚拟机网络正常

（3）安装 virtio balloon 的驱动

使用以下命令启动 Win 7 虚拟机：

qemu–system–x86_64 –m 1024 –drive file=Win 7.img，cache=writeback，if=virtio，boot=on –cdrom virtio–win–0.1–81.iso –net nic，model=virtio –net user –balloon virtio –device virtio–serial–pci –boot order=c ––enable–kvm –vnc :1

　　该命令中参数 "–balloon virtio" 表示使用 virtio 的 ballon 气球设备，参数 "–device virtio–serial–pci" 表示使用 virtio 的控制台设备。虚拟机启动后，打开设备管理器，如图 4–18 所示，在 "其他设备" 中可以看到 "PCI 简易通讯控制器" 和 "PCI 设备" 两个内容。"PCI 设备" 是内存 balloon 的 virtio 设备，"PCI 简易通讯控制器" 是使用 virtio 的控制台设备。

　　在未安装驱动的 "PCI 简易通讯控制器" 上右键，点击 "更新驱动程序软件"，然后选择 "浏览计算机以查找驱动程序软件" 选项，在 CD 驱动器的 Win 7 目录下的 X86 目录中搜索设备驱动，如图 4–19 所示。

图 4-18　Win 7 虚拟机的设备管理器

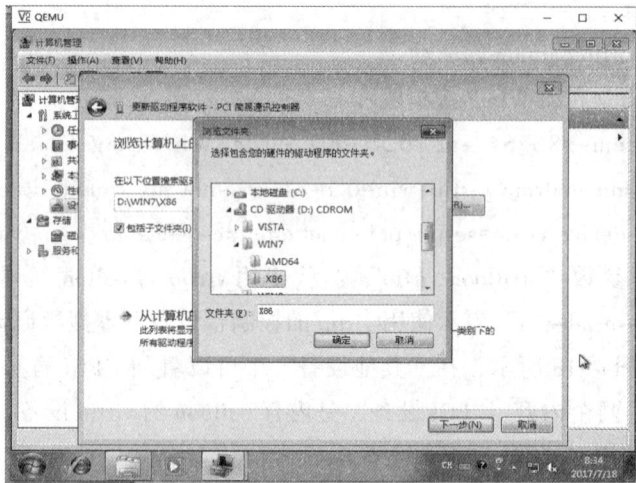

图 4-19　安装"PCI 简易通讯控制器"驱动

　　点击"确定"后，再点击"下一步"，在弹出的菜单中选择"安装"进行驱动程序的安装，如图 4-20 所示。

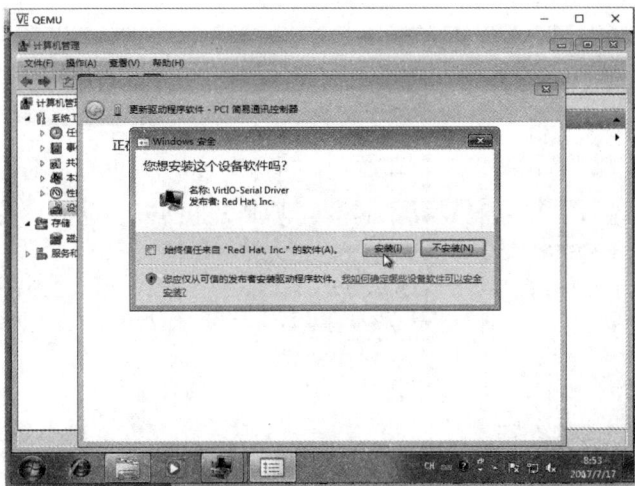

图 4-20　Virtio-Serial Driver 的驱动安装

图 4-21　Virtio-Serial Driver 安装成功

看到如图 4-21 的界面，就说明 Virtio-Serial Driver 的驱动安装成功，这时在设备管理器的"系统设备"下能看到 Virtio-Serial Driver，如图 4-22 所示。

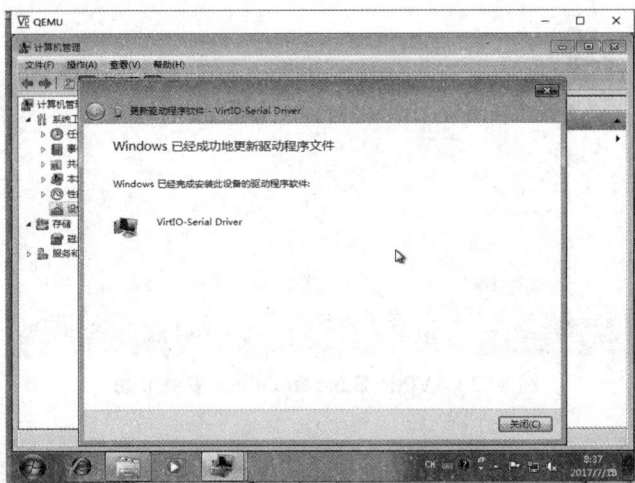

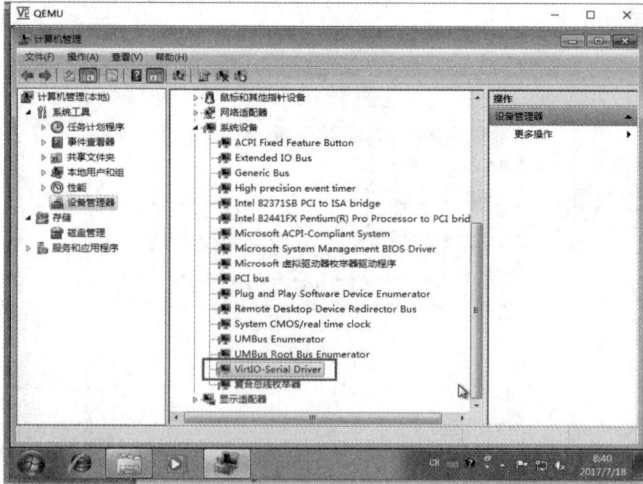

图 4-22　"系统设备"下的"Virtio-Serial Driver"

　　以同样的方式安装"PCI 设备"的驱动，安装成功后，如图 4-23 和图 4-24 所示。

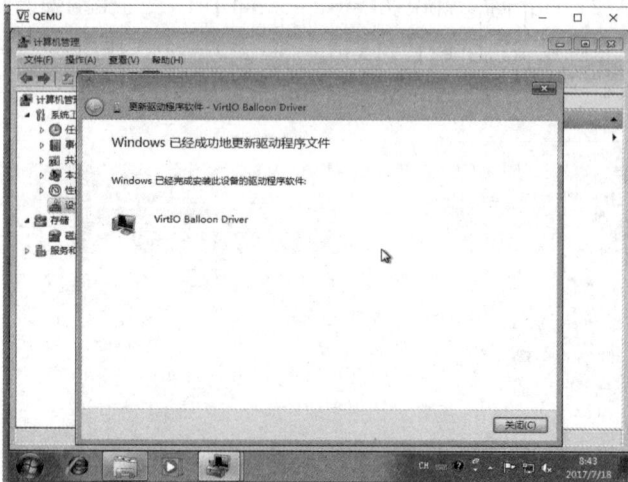

图 4-23　Virtio Balloon Driver 安装成功

图 4-24　"系统设备"下的"Virtio Balloon Driver"

（4）Windows 下的 virtio 驱动

在以上的 Win 7 虚拟机中，打开使用文件"virtio-win-0.1-81.iso"挂载的 CD-ROM 光驱，可以看到文件"virtio-win-0.1-81.iso"提供的目录结构，如图 4-25 所示。

图 4-25　Win 7 虚拟机的光驱文件

其中各个文件夹对应着各个 Windows 版本，打开"Win 7"目录，其中两个子目录"AMD64"和"X86"分别对应着系统的 64 和 32 位的版本。打开"X86"目录，目录结构如图 4-26 所示。

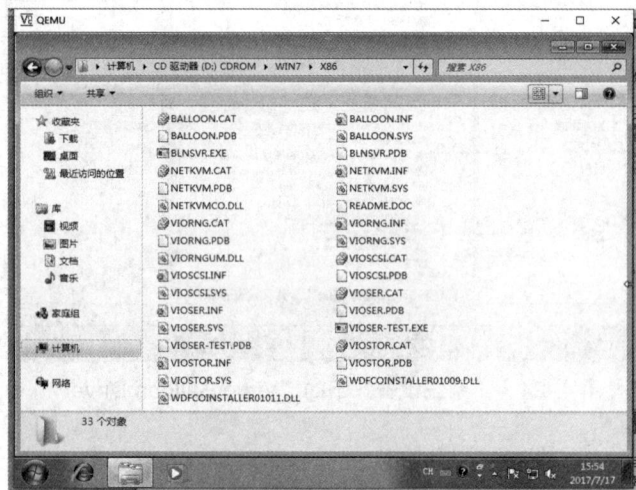

图 4-26　Win 7 虚拟机下光驱的"X86"目录

在图 4-26 中，文件大致分为几类：BALLOON 开头的文件是 virtio 关于内存气球相关的驱动；NETKVM 开头的文件是 virtio 关于网络相关的驱动；VIORNG 开头的文件用于 virtio 的环形缓冲区；VIOSCSI 开头的文件用于 virtio 对磁盘块设备相关的 SCSI 设备的驱动；VIOSER 开头的文件用于 virtio 控制台相关的驱动；VIOSTOR 开头的文件是 virtio 磁盘块设备存储相关的驱动。

由于在制作 Win 7 镜像时使用了本小节中图 4-9 的 Red Hat Virtio SCSI controller，而且在启动 Win 7 虚拟机时使用了 qemu-system-x86 的"-net nic，model=virtio -net user"参数，该参数表明虚拟机将使用 virtio 提供的网络驱动。因此，打开设备管理器，如图 4-27 所示。

在图 4-27 中可以看到，DVD/CD-ROM 驱动器是 QEMU 模拟的光驱。磁盘驱动器下"Red Hat Virtio SCSI Disk Device"表示是 virtio 模拟的 SCSI 硬盘，存储控制器下"Red Hat Virtio SCSI controller"表示是 virtio 模拟的 SCSI 控制器，网络适配器下的"Red Hat Virtio Ethernet Adapter"是 virtio 模拟的以太网适配器。

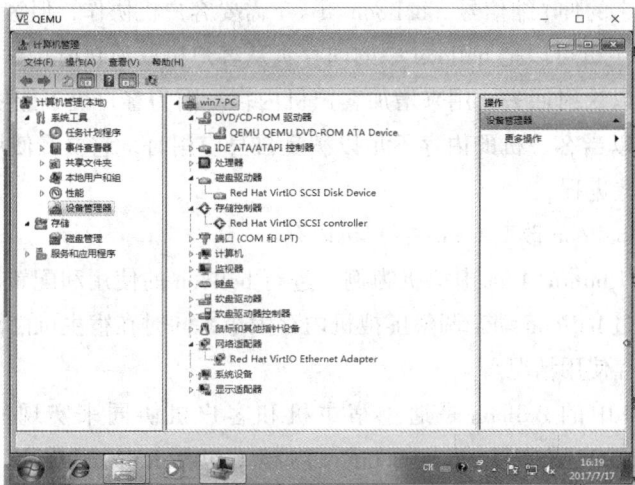

图 4-27　Win 7 虚拟机的设备管理器

4.1.4　virtio_balloon 配置

（1）Balloon 气球概述

virtio_balloon 驱动即内存气泡，可以用来动态调整内存。通常来说，要改变客户机的内存大小，我们需要关闭客户机，用 qemu-system-x86_64 重新分配。但是这个在实际应用中很不方便，于是 balloon 技术出现了。

ballooning（气球）技术可以在客户机运行时动态地调整内存大小，而不需要关闭客户机。它是客户机的 balloon driver 通过 virtio 虚拟队列接口和宿主机协同工作来完成的。balloon driver 的作用在于它既可以膨胀扩大自己使用的内存大小，也可以缩减减少自己的内存使用量（可以缩减至几近于无）。

气球中的内存是供宿主机使用的，不能被客户机访问或使用，所以，当宿主机内存使用紧张，空余内存不多时，可以请求客户机回收利用已分配给客户机的部分内存，客户机就会释放其空闲的内存，从而使得内存气球充气膨胀，从而让宿主机回收气球中的内存可用于其他进程（或其他客户机）。反之，当客户机中内存不足时，也可以让宿主机的内存气球压缩，释放出内存气球中的部分内存，让客户机使用更多的内存。

balloon driver 本身并不直接管理 balloon，它的扩容与缩减都是通过 virtio 队列由宿主机发送信号管理。客户机的 balloon driver 可以通过 virtio 通道与主机通信，并接受主机给它的伸/缩信号。balloon driver 需要客户机协作，但客户机不直接控制 balloon。宿主机可以把 balloon 中的内存页从客户机取消映射，拿来给其他客户机使用，也可以映射回去，用来增加客户机内存。因为客户机不能使用 balloon 里面的内存，所以当客户机的内存不足以满足自身应用时，它要么使用 swap，要么选择性杀死一些进程。

（2）使用 balloon 改变 Linux 客户机内存

接下来以 Ubuntu14.04 虚拟机为例，进行 balloon 的使用和配置。在虚拟机运行过程中，通过 balloon 动态调整虚拟机内存大小，同时在宿主机由 QEMU 监控器监控虚拟机内存使用情况。

由于 KVM 中的 Balloon 是通过宿主机和客户机协同来实现的，在宿主机中应该使用 2.6.27 及以上版本的 Linux 内核（包括 KVM 模块），使用较新的 QEMU，在客户机中使用 2.6.27 及以上内核且将 "CONFIG_Virtio_BALLOON" 配置为模块或编译到内核。在很多 Linux 发行版中都已经配置有 "CONFIG_Virtio_BALLOON=m"，所以用较新的 Linux 作为客户机系统，一般不需要额外配置 virtio_balloon 驱动，使用默认内核配置即可。

在 QEMU 命令行中可用 "–balloon virtio" 参数来分配 Balloon 设备给客户机让其调用 virtio_balloon 驱动来工作，而默认值为没有分配 Balloon 设备（与 "–balloon none" 效果相同）。"–balloon virtio" 的参数格式为 –balloon virtio[, addr=addr], 该参数表示使用 Virtio balloon 设备，addr 可配置客户机中该设备的 PCI 地址。

在 QEMU 监控器命令中，提供了两个命令查看和设置客户机内存的大小。

（qemu）info balloon 表示查看客户机内存占用量（Balloon 信息）

（qemu）balloon num 表示设置客户机内存占用量为 numMB

首先在宿主机中使用命令 "qemu–system–x86_64 ubuntu14.04.img –m 1024 –balloon virtio ––enable–kvm –vnc :1 –monitor stdio" 启 动 Ubuntu14.04 虚 拟 机，"–monitor stdio" 参数表示打开 QEMU 监控器，如图 4–28 所示。

```
root@ubuntu:/home/kvm/img# qemu-system-x86_64 ubuntu14.04.img -m 1024 -balloon virtio
--enable-kvm -vnc :1 -monitor stdio
QEMU 2.9.50 monitor - type 'help' for more information
(qemu)
```

图 4–28 Ubuntu14.04 虚拟机启动

在启动后的 Ubuntu 虚拟机中使用 "lspci" 命令查看 balloon 设备使用情况，可以看到"Red Hat, Inc Virtio memory balloon"字样，表明设备已经正常加载，如图 4-29 所示。

图 4-29　在 Ubuntu14.04 虚拟机上查看 pci 设备

然后继续在 Ubuntu 虚拟机中使用命令"grep Virtio_BALLOON /boot/config-3.13.0-24-generic"在 Ubuntu 内核文件中可以查看到 balloon 已经编译至内核，如图 4-30 所示。

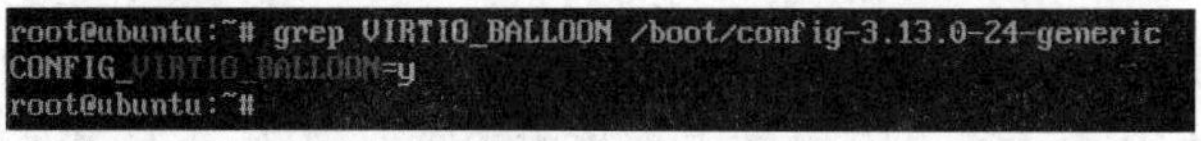

4-30　Ubuntu14.04 内核文件的 balloon 配置

在 Ubuntu 虚拟机中使用"free −m"命令查看其内存使用量，可以看到系统总内存数为 993MB（大致相等于启动虚拟机时通过 QEMU 命令设置的 1024MB），已使用 136MB，如图 4-31 所示。

4-31　修改前的 Ubuntu 虚拟机内存使用量

接下来在宿主机的 QEMU monitor 中，使用命令"info balloon"查看虚拟机内存，显示实际内存为启动虚拟机时设置的 1024MB。接下来，使用命令"balloon 512"更改 Ubuntu 虚拟机内存为 512MB，再使用命令"info balloon"查看，显示实际内存为修改后的 512MB。如图 4-32 所示。

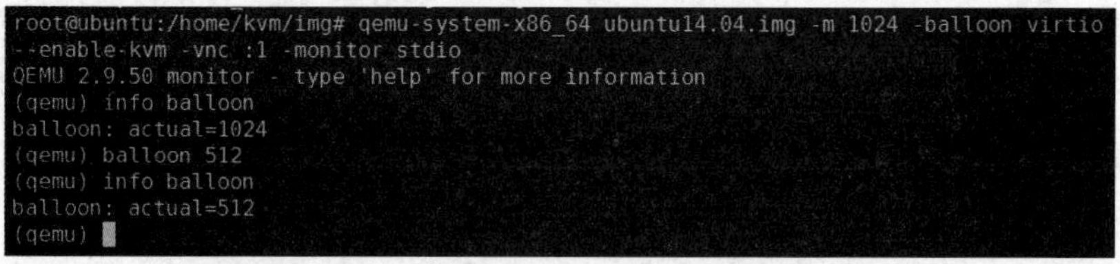

图 4-32　在 QEMU monitor 中更改客户机内存

设置了虚拟机内存为512MB后，再在虚拟机中使用“free -m”命令查看其内存使用量，可以看到系统总内存数为481MB，比修改前的总内存数993MB正好减少了512MB，如图4-33所示。

```
root@ubuntu:~# free -m
             total       used       free     shared    buffers     cached
Mem:           993        133        860          0         15         82
-/+ buffers/cache:         35        958
Swap:         1020          0       1020
root@ubuntu:~# free -m
             total       used       free     shared    buffers     cached
Mem:           481        133        348          0         15         82
-/+ buffers/cache:         35        446
Swap:         1020          0       1020
root@ubuntu:~#
```

图4-33 修改后的Ubuntu虚拟机内存使用量

这减少的512MB内存即baloon设备占用的内存，ubuntu虚拟机的总内存数减少，宿主机回收512MB的内存，将再次分配将其用于其他进程或其他用途。

此外，需要注意的是，当“balloon”命令使客户机内存增大时，其增大的最大值不能超过使用QEMU命令启动虚拟机时设置的内存大小。也就是说，如果启动虚拟机时QEMU命令行里设置的内存为2048MB，那么在QEMU的monitor中能够给虚拟机设置的最大内存量为2048MB，如果执行“balloon 4096”命令，那么设置的4096MB的内存不会生效，虚拟机内存仍然是启动时设置的2048MB。

（3）使用balloon改变Windows客户机内存

使用以下命令启动Win 7虚拟机：

qemu-system-x86_64 -m 1024 -drive file=Win 7.img，cache=writeback，if=virtio，boot=on -net nic，model=virtio -net user -balloon virtio -device virtio-serial-pci -boot order=c --enable-kvm -vnc :1 -monitor stdio

Win 7虚拟机启动后，打开Windows的任务管理器，在“任务管理器”中可以看到系统物理内存总数为“1023”，其中“可用”内存为713MB，如图4-34所示。

在QEMU monitor中使用命令“info balloon”查看Win 7客户机内存，显示实际内存为启动虚拟机时设置的1024MB。接下来，使用命令“balloon 512”更改客户机内存为512MB，再使用命令“info balloon”查看Win 7客户机内存，显示实际内存为修改后的512MB，如图4-35所示。

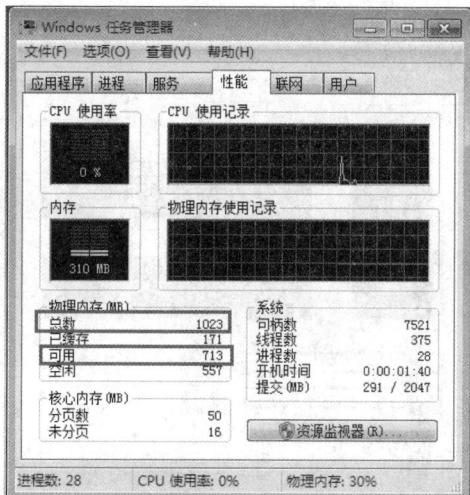

4-34　修改前的 Win 7 虚拟机内存使用量

图 4-35　在 QEMU monitor 中更改客户机内存

　　然后，在 Win 7 虚拟机中，再次查看"任务管理器"，发现在宿主机更改其内存后，Win 7 虚拟机中的物理内存总数并没有发生改变，但是看到它的可用内存已经从图 4-34 中的 713 使用量降低为图 4-36 中的 222 使用量。这减少的 491MB 的内存使用量即是 balloon 设备占用的，虽然 Win 7 虚拟机的内存总量没变，但是可用的内存使用量已经降低，也就是说 balloon 设备占用的 491MB 内存 Win 7 虚拟机是不能使用的，这时宿主机可以将这 491MB 的内存重新分配给其他进程，用于其他用途。

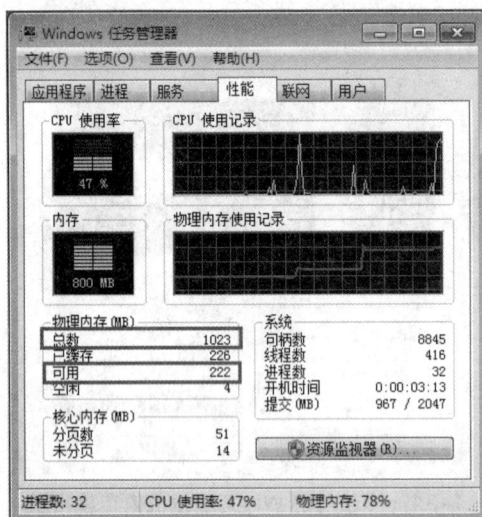

图 4-36　修改后的 Win 7 虚拟机内存使用量

4.1.5　virtio_net 配置

在选择 KVM 中的网络设备时，一般来说优先选择半虚拟化的网络设备而不是纯软件模拟的设备，使用 virtio_net 半虚拟化驱动，可以提高网络吞吐量（throughput）和降低网络延迟（latency），从而让客户机中网络达到几乎和原生网卡差不多的性能。

virtio_net 的使用，需要两部分的支持，一部分是宿主机中的 QEMU 工具的支持，另一部分是客户机中 virtio_net 驱动的支持。较新的 QEMU 都有对 virtio 网卡设备的支持，且较新的流行 Linux 发行版中都已经将 virtio_net 作为模块编译到系统之中了，所以使用起来还是比较方便的。

可以通过如下几个步骤来使用 virtio_net：

（1）查看宿主机对 virtio_net 的支持

使用命令"grep Virtio_NET /boot/config-4.12.0-rc5+"查看宿主机对 virtio_net 的支持。"CONFIG_Virtio_NET=m"表示当前使用的 Ubuntu 系统已经将 virtio_net 作为模块编译到系统之中。

root@ubuntu:/home/kvm/img# grep Virtio_NET /boot/config-4.12.0-rc5+

CONFIG_Virtio_NET=m

（2）查看 QEMU 是否支持 virtio 类型的网卡

检查 QEMU 是否支持 virtio 类型的网卡，从 "qemu-system-x86_64 -net nic，model=?" 命令的输出信息中支持网卡的类型可知，当前 QEMU 支持 virtio 网卡。

root@ubuntu:/home/kvm/img# qemu-system-x86_64 -net nic，model=?

qemu: Supported NIC models: ne2k_pci，i82551，i82557b，i82559er，rtl8139，e1000，pcnet，virtio

（3）QEMU 的 TAP 网络设置

因为虚拟机网络需要以 TAP 的方式进行启动，所以首先需要在宿主机上配置 QEMU 的 TAP 网络设置。在基于 Debian 和 Ubuntu 的系统上，首先要安装含有建立虚拟网络设备（TAP interfaces）的工具 uml-utilities 和桥接工具 bridge-utils。

1）安装 uml-utilities 和 bridge-utils

在宿主机上使用命令 "apt-get install uml-utilities" 和 "apt-get install bridge-utils" 安装建网和桥接工具。

2）将虚拟机用户名添加至 uml-net 组

为了使虚拟机能够访问网络接口，必须将运行虚拟主机的用户名（通常是你的虚拟机 ubuntu 的登录用户名）添加到 uml-net 用户组（请用你的用户名替换其中的 "steven"），在宿主机执行命令如下：

sudo gpasswd -a steven uml-net

接下来为了使改动生效，重新启动电脑。

3）修改宿主机网络

为保证虚拟机和宿主机的连通，需要在宿主机上建立 tap0 虚拟机网络设备和 br0 网桥。使用命令 "sudo vim /etc/network/interfaces" 打开网络配置文件。

在打开的 interfaces 文件后面添加下面的内容，将虚拟网络接口命名为 "tap0"，指定该接口 IP 配置为手动方法，并指定使用该接口的用户，这里使用的用户名是 "steven"。

auto tap0
    iface tap0 inet manual
    up ifconfig $IFACE 0.0.0.0 up
    down ifconfig $IFACE down
    tunctl_user steven

继续在 /etc/network/interfaces 中添加内容，建立一个名叫 "br0" 的桥，该桥的 IP 配置可以配置为通过 DHCP 分配，也可以使用静态 IP，IP 地址等需要根据自己的网络状况做相应的更改，enp2s0 为宿主机的物理网络设备。宿主机中的所有网络接口，也包括 tap0 这个虚拟网络接口，都将建立在这个桥之上，添加内容如下：

```
auto br0
iface br0 inet static
bridge_ports all enp2s0
address 192.168.10.225
broadcast 192.168.10.255
netmask 255.255.255.0
gateway 192.168.10.250
```

4）创建 TAP 网络脚本

接下来在宿主机上需要为 tap 网络创建启动和关闭脚本。使用命令"sudo vi /etc/qemu-ifup"在"/etc"目录下创建"qemu-ifup"脚本，写入以下内容：

```
#!/bin/sh
#set -x
switch=br0
if [ -n "$1" ] ; then
        /usr/bin/sudo /usr/sbin/tunctl -u 'whoami' -t $1
        /usr/bin/sudo /sbin/ip link set $1 up
        sleep 0.5s
        /usr/bin/sudo /sbin/brctl addif [[ $switch $ ]1
        exit 0
else
        echo "Error: no interface specified"
        exit 1
fi
```

接下来再创建一个空的 tap 网络关闭脚本，以避免关闭虚拟机时的警告。使用命令"sudo vi /etc/qemu-ifdown"在"/etc"目录下创建"/qemu-ifdown"文件，写入以下内容：

```
#!/bin/sh
```

5）修改 TAP 网络脚本执行权限

默认情况下，"/etc/qemu-ifup" 和 "/etc/qemu-ifdown" 两个脚本文件没有执行权限，需要使用命令 "chmod +x /etc/qemu*" 修改其执行权限。修改完毕后使用命令 "ls –l /etc/qemu-if*" 查看，显示如下：

root@ubuntu:~# ls –l /etc/qemu-if*

–rwxr-xr-x 1 root root 10 7 月 23 17:21 /etc/qemu-ifdown

–rwxr-xr-x 1 root root 339 7 月 23 18:21 /etc/qemu-ifup

6）启动新建的 tap0 虚拟网络接口和网桥 br0

首次使用需要激活刚才建立的虚拟网络接口和网络桥，使用命令 "sudo /sbin/ifup tap0" 和 "sudo /sbin/ifup br0" 即可。

接下来使用命令 "/etc/init.d/networking restart" 重启网络，重启后使用 "ifconfig" 查看宿主机网络接口，内容如下：

root@ubuntu:~# ifconfig

br0　　　　　Link encap: 以太网 硬件地址 30:0e:d5:c0:6b:62

　　　　　　inet 地址 :192.168.10.225 广播 :192.168.10.255 掩码 :255.255.255.0

　　　　　　inet6 地址 : fe80::320e:d5ff:fec0:6b62/64 Scope:Link

　　　　　　UP BROADCAST RUNNING MULTICAST MTU:1500 跃点数 :1

　　　　　　接收数据包 :165 错误 :0 丢弃 :0 过载 :0 帧数 :0

　　　　　　发送数据包 :59 错误 :0 丢弃 :0 过载 :0 载波 :0

　　　　　　碰撞 :0 发送队列长度 :1000

　　　　　　接收字节 :36490（36.4 KB）发送字节 :6008（6.0 KB）

enp2s0　　　Link encap: 以太网 硬件地址 30:0e:d5:c0:6b:62

　　　　　　UP BROADCAST RUNNING MULTICAST MTU:1500 跃点数 :1

　　　　　　接收数据包 :105120 错误 :0 丢弃 :1876 过载 :0 帧数 :0

　　　　　　发送数据包 :18455 错误 :0 丢弃 :0 过载 :0 载波 :0

　　　　　　碰撞 :0 发送队列长度 :1000

　　　　　　接收字节 :26729798（26.7 MB）发送字节 :8520970（8.5 MB）

lo　　　　　Link encap: 本地环回

　　　　　　inet 地址 :127.0.0.1 掩码 :255.0.0.0

inet6 地址 : ::1/128 Scope:Host
UP LOOPBACK RUNNING MTU:65536 跃点数 :1
接收数据包 :254231 错误 :0 丢弃 :0 过载 :0 帧数 :0
发送数据包 :254231 错误 :0 丢弃 :0 过载 :0 载波 :0
碰撞 :0 发送队列长度 :1000
接收字节 :18771407（18.7 MB）发送字节 :18771407（18.7 MB）

tap0　　Link encap: 以太网 硬件地址 8e:d2:1e:c5:e7:37
UP BROADCAST MULTICAST MTU:1500 跃点数 :1
接收数据包 :0 错误 :0 丢弃 :0 过载 :0 帧数 :0
发送数据包 :0 错误 :0 丢弃 :0 过载 :0 载波 :0
碰撞 :0 发送队列长度 :1000
接收字节 :0（0.0 B）发送字节 :0（0.0 B）

以上配置中，br0 为新建的网桥，使用静态 IP。enp2s0 为宿主机物理网络接口，lo 为回环网络，tap0 为新建的宿主机虚拟网络接口，enp2s0 和 tap0 都通过 br0 进行桥接。

（4）启动虚拟机 Ubuntu14.04

接下来使用以下命令启动虚拟机 Ubuntu14.04：

qemu-system-x86_64 /home/kvm/img/ubuntu14.04.img -m 1024 -net nic，model=virtio，macaddr=00:45:5a:22:ad:25 -net tap -vnc :1

“model=virtio”表明使用 virto_net 启动虚拟机网络。在虚拟机中使用命令“grep Virtio /boot/config-3.13.0-24-generic”查看虚拟机 virtio 网卡的使用情况。如图 4-37 所示。

```
root@ubuntu:~# grep VIRTIO /boot/config-3.13.0-24-generic
CONFIG_NET_9P_VIRTIO=m
CONFIG_VIRTIO_BLK=y
CONFIG_SCSI_VIRTIO=m
CONFIG_VIRTIO_NET=y
CONFIG_CAIF_VIRTIO=m
CONFIG_VIRTIO_CONSOLE=y
CONFIG_HW_RANDOM_VIRTIO=m
CONFIG_VIRTIO=y
CONFIG_VIRTIO_PCI=y
CONFIG_VIRTIO_BALLOON=y
CONFIG_VIRTIO_MMIO=y
CONFIG_VIRTIO_MMIO_CMDLINE_DEVICES=y
root@ubuntu:~#
```

图 4-37　虚拟机 Ubuntu14.04 的 virtio 使用情况

在图 4-37 中可以看到 "CONFIG_Virtio_NET=y" 表明虚拟机内核中配置了 virtio_net 模块。使用命令 "lspci" 可以看到如图 4-38 所示的 "Red Hat，Inc Virtio network device" 的虚拟 virtio 网络设备。

图 4-38　虚拟机的 virtio 网络设备

使用 "ifconfig eth0" 和 "ethtool –i eth0" 命令查看虚拟机网络，从图 4-39 输出信息可知，网络接口 eth0 使用了 virtio_net 驱动，并且通过 "ping 192.168.10.225"（IP 为宿主机 IP）命令可知当前网络连接工作正常。

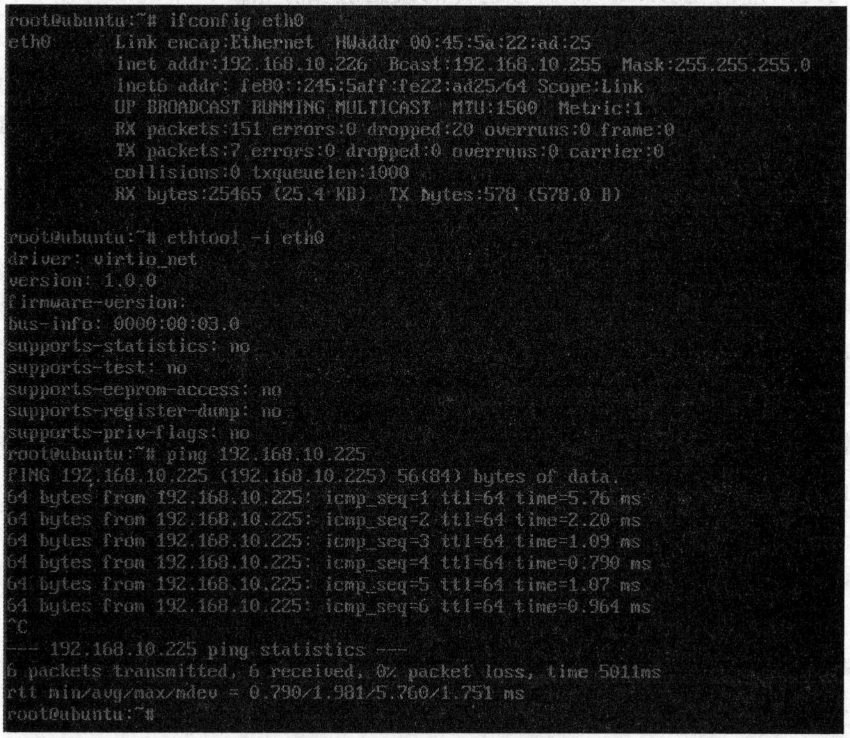

图 4-39　虚拟机网络查看

4.3 设备直接分配的配置

在私有云桌面虚拟化中，设备直接分配也称为设备的透传（passthrough），设备透传一直以来都是作为基本功能出现的。设备透传与设备重定向在使用上的区别是前者一般将主机上的设备直接传递给在其中运行的虚拟机，后者则是将客户端的设备通过网络传递给其正在连接的虚拟机，相同点是当传递至虚拟机或虚拟机归还设备时，这对于主机来说是个设备热插拔操作。

4.3.1 PCI/PCI-E 设备查看

在 QEMU 中，PCI/PCI-E 设备目前仅支持透传（某些商业软件可对 PCI/PCI-E 设备进行重定向），且需要在主机 BIOS 设置中 CPU 打开 Intel VT-d 选项（AMD CPU 与之对应的是 AMD Vi），可透传的设备包括显卡、声卡、HBA 卡、网卡、USB 控制器等，其中某些设备需要额外设置（比如 IOMMU）才可进行透传。

使用 libvirt 透传 PCI/PCI-E 设备时需要知道要透传设备的总线地址，以便在域定义中指定要透传的设备。在 QEMU 实现中有为设备直接分配准备的设备模型，包括 pci-assgn、vfio-pci、vfio-vga 等。下面以透传主机网卡为例：

在宿主机上执行 lspci 命令查看所有 PCI 设备的详细信息。

#root@kvm-host:~# lspci

00:00.0 Host bridge: Intel Corporation 440BX/ZX/DX – 82443BX/ZX/DX Host bridge

...

02:05.0 Ethernet controller: Intel Corporation 82545EM Gigabit Ethernet Controller（Copper）（rev 01）

其中 BDF 号为 02:05.0 的设备就是需要直接分配的网卡，型号为 Intel 82542EM。然后基于这个网卡设备新建一个设备定义文件，在虚拟机运行时添加此设备，也可将其写入至虚拟机的域定义文件作为永久设备：

#root@kvm-host:~# cat >> pci-e1000.xml<<EOF

<hostdev mode='subsystem' type='pci' managed='yes'>

  <source>

```
        <address domain='0x0000' bus='0x02' slot='0x05' function='0x0'/>
    </source>
</hostdev>
EOF
```

pci-e1000.xml 这个设备定义文件描述了一个热插拔设备，设备类型为 PCI 设备，设备的总线号是 0x02，物理设备号是 0x05，逻辑设备号是 0x0。

使用 virsh 虚拟机管理工具的 attach-device 参数将这个设备添加到名称为 Win 7 的虚拟机上：

```
#root@kvm-host:~# virsh attach-device Win 7 pci-e1000.xml
```

基于以上操作便可将宿主机网卡透传至虚拟机中，同时需要注意的是，不是所有的主机、虚拟机系统和 PCI/PCI-E 设备都支持热插拔，在不支持的系统中进行热插拔的话可能会造成虚拟机死机，甚至可能造成主机死机。

4.3.2　SR-IOV 的配置

SR-IOV 全称为 Single Root I/O Virtualization，是一种基于硬件的虚拟化解决方案，可提高设备利用率，其功能实现最早在 Linux 系统中。SR-IOV 标准允许在虚拟机之间共享 PCI-E 设备，并且它是在硬件中实现的，虚拟设备可以获得与透传方式相当的 I/O 性能。

SR-IOV 中引入了物理功能（Physical Function）与虚拟功能（Virtual Function）两个概念，其中物理功能是指物理设备拥有可配置的完整资源，虚拟功能则使得虚拟设备能够共享一部分物理资源以提供给虚拟机使用。启用了 SR-IOV 并且具有适当的硬件和设备驱动支持的 PCI-E 设备在系统中可显示为多个独立的虚拟设备，每个都拥有自己的 I/O 空间。目前使用最多的 SR-IOV 设备是万兆网卡，主要厂商有 Intel、QLogic 等。

这里以支持 SR-IOV 功能的 Intel 82599 网卡为例介绍 SR-IOV 的完整使用过程，其中会涉及 QEMU 的 vfio-pci 透传设备模型以及设备 IOMMU。

首先，需要修改主机启动引导参数以开启 Intel-IOMMU。此处 Intel-IOMMU 与 IOMMU 两个概念比较容易混淆，前者控制的是基于 Intel VT-d 的 IOMMU，它可以使系统进行设备的 DMA 地址重映射（DMAR）等多种高级操作为虚拟机使用做准备，且此项默认关闭；而后者主要控制是 GART（Graphics Address Remapping Table）IOMMU，目的是让有 32b 内存访问大小的设备可以进行 DMAR 操作，通常用于 USB 设备、声卡、集成显卡等，会在主机内存 3GB 以上的系统中默认开启。

修改系统引导文件 /boot/grub2/grub.cfg，内容如下：

linux16 /vmlinuz–3.10.0–327.3.1.el7.x86_64 root=UUID=ff78a51d–4759–464f–a1fd–2712a4943202 ro rhgb quiet LANG=zh_CN.UTF–8 intel_iommu=on

initrd16 /initramfs–3.10.0–327.3.1.el7.x86_64.im

其中参数 intel_iommu=on 指定开启主机的 intel_iommu 功能

然后重新加载网卡驱动模块，并设置模块中的最大 VF 数以使得设备虚拟出一定数量的网卡。不同厂商的网卡的驱动模块不同，其打开虚拟功能的参数也不同。另外，部分设备由于厂商策略原因，Linux 内核自带的驱动不一定拥有 VF 相关设置，需要从官网单独下载并替换原有驱动。

查看网络设备总线地址，例子中的主机网卡拥有双万兆网口：

#root@kvm–host:~# lspci –nn |grep –i ethernet

04:00.0 Ethernet controller [0200]: Intel Corporation Ethernet 10G 2P X520 Adapter [8086:154d]（rev 01）

04:00.1 Ethernet controller [0200]: Intel Corporation Ethernet 10G 2P X520 Adapter [8086:154d]（rev 01）

查看设备驱动信息（例子中的网卡驱动为 ixgbe）：

#root@kvm–host:~# lspci –s 04:00.0–k

04:00.0 Ethernet controller: Intel Corporation Ethernet 10G 2P X520 Adapter（rev 01）

Subsystem: Intel Corporation 10GbE 2P X520 Adapter

Kernel driver in use: ixgbe

查看驱动参数：

#root@kvm–host:~# modinfo ixgbe

filename: /lib/modules/3.10.0–327.3.1.el7.x86_64/kernel/drivers/net/ethernet/intel/ixgbe/ixgbe.ko

version: 4.0.1–k–rh7.2

license: GPL

description: Intel（R）10 Gigabit PCI Express Network Driver

author: Intel Corporation, <linux.nics@intel.com>

rhelversion: 7.2

srcversion: FFFD5E28DF8860A5E458CCB

alias: pci:v00008086d000015ADsv*sd*bc*sc*i*

...

alias: pci:v00008086d000010B6sv*sd*bc*sc*i*

depends: mdio，ptp，dca

intree: Y

vermagic: 3.10.0-327.3.1.el7.x86_64 SMP mod_unload modversions

signer: CentOS Linux kernel signing key

sig_key: 3D:4E:71:B0:42:9A:39:8B:8B:78:3B:6F:8B:ED:3B:AF:09:9E:E9:A7

sig_hashalgo: sha256

parm: max_vfs:Maximum number of virtual functions to allocate per physical function - default is zero and maximum value is 63（uint）

parm: allow_unsupported_sfp:Allow unsupported and untested SFP+ modules on 82599-based adapters（uint）

parm: debug:Debug level（0=none，…，16=all）（int）

重新加载内核，修改参数 max_vfs 为 4，并将此参数写入 /etc/modprobe.d/ 下的文件以便开机加载：

#root@kvm-host:~# modprobe -r ixgbe；modprobe ixgbe max_vfs=4

#root@kvm-host:~# cat >> /etc/modprobe.d/ixgbe.conf<<EOF

options ixgbe max_vfs=4

EOF

再次查看网络设备，可发现多了 4 个虚拟网卡，并且设备 ID 不同于物理网卡

#root@kvm-host:~# lspci |grep -i ethernet

02:00.3 Ethernet controller [0200]: Broadcom Corporation NetXtreme BCM5719 Gigabit Ethernet PCIe [14e4:1657]（rev 01）

04:00.0 Ethernet controller [0200]: Intel Corporation Ethernet 10G 2P X520 Adapter [8086:154d]（rev 01）

04:00.1 Ethernet controller [0200]: Intel Corporation Ethernet 10G 2P X520 Adapter [8086:154d]（rev 01）

04:10.0 Ethernet controller [0200]: Intel Corporation 82599 Ethernet Controller Virtual Function [8086:10ed]（rev 01）

04:10.1 Ethernet controller [0200]: Intel Corporation 82599 Ethernet Controller Virtual Function [8086:10ed]（rev 01）

04:10.2 Ethernet controller [0200]: Intel Corporation 82599 Ethernet Controller Virtual Function [8086:10ed]（rev 01）

04:10.3 Ethernet controller [0200]: Intel Corporation 82599 Ethernet Controller Virtual Function [8086:10ed]（rev 01）

虚拟网卡被主机发现以后，这里需要额外加载 vfio-pci 以及 vfio-iommu-type1 两个模块，然后将虚拟网卡与原驱动解绑并重新绑定至 vfio-pci 驱动。其中 vfio-pci 驱动是专门为现在支持 DMAR 和中断地址重映射的 PCI 设备开发的驱动模块，它依赖于 VFIO 驱动框架，并且借助于 vfio-iommu-type1 模块实现 IOMMU 的重用。

加载 vfio-pci 模块：

#root@kvm-host:~# modprobe vfio-pci

加载 vfio-iommu-type1 以允许中断地址重映射，如果主机的主板不支持中断重映射功能则需要指定参数 "allow_unsafe_interrupt=1"：

#root@kvm-host:~# modprobe vfio-iommu-type1 allow_unsafe_interrupt=1

将四个虚拟网卡与原驱动解绑：

#root@kvm-host:~# echo 0000:04:10.0 > /sys/bus/pci/devices/0000\:04\:10.0/driver/unbind

#root@kvm-host:~# echo 0000:04:10.1 > /sys/bus/pci/devices/0000\:04\:10.1/driver/unbind

#root@kvm-host:~# echo 0000:04:10.2 > /sys/bus/pci/devices/0000\:04\:10.2/driver/unbind

#root@kvm-host:~# echo 0000:04:10.3 > /sys/bus/pci/devices/0000\:04\:10.3/driver/unbind

将四个虚拟网卡按照设备 ID 全部与 vfio-pci 驱动绑定：

#root@kvm-host:~# echo 8086 10ed > /sys/bus/pci/drivers/vfio-pci/new_id

查看虚拟设备现在使用的驱动

#root@kvm-host:~# lspci -k -s 04:10.0

04:10.0 Ethernet controller: Intel Corporation 82599 Ethernet Controller Virtual Function（rev 01）

Subsystem: Intel Corporation Device 7b11

Kernel driver in use: vfio-pci

然后即可在虚拟机中使用这些虚拟网卡，需要在 QEMU 命令行中添加设备选项，类似"-device vfio-pci, host=04:10.0, id=hostdev0, bus=pci.0, multifunction=on，addr=0x9"，对应的 libvirt 定义如下：

```
<hostdev mode='subsystem' type='pci' managed='yes'>
    <driver name='vfio'/>
    <source>
      <address domain='0x0000' bus='0x04' slot='0x10' function='0x2'/>
    </source>
    <alias name='igbxe'/>
    <address type='pci' domain='0x0000' bus='0x00' slot='0x09' function='0x0'
multifunction='on'/>
</hostdev>
```

如果使用 vfio-pci 透传 PCI-E 设备，我们需要使用 QEMU 机器模型 Q35，并添加相应的 PCI-E 总线参数，除此之外，设备驱动的解绑与绑定操作可以简化为如下所示的脚本操作：

```
#root@kvm-host:~#cat vfio-bind.sh
#!/bin/bash
modprobe vfio-pci
for var in "$@"; do
    for dev in [[ $（ls /sys/bus/pci/devices/$ ]var/iommu_group/devices）; do
        vendor=[[ $（cat /sys/bus/pci/devices/$ ]dev/vendor）
        device=[[ $（cat /sys/bus/pci/devices/$ ]dev/device）
        if [ -e /sys/bus/pci/devices/$dev/driver ]; then
            echo [[ $dev > /sys/bus/pci/devices/$ ]dev/driver/unbind
        fi
        echo [[ $vendor $ ]device > /sys/bus/pci/drivers/vfio-pci/new_id
    done
done
```

4.3.3　USB 设备透传

USB 设备包括控制器和外设，控制器位于主机上且一个主机可同时拥有多个 USB 控制器，控制器通过 root hub 提供接口供其他 USB 设备连接，而这些 USB 设备又可以分为 hub、存储、智能卡、加密狗、打印机等。目前常用的 USB 协议有 1.1、2.0、3.0、3.1（Type-C）等。在 QEMU 中，一般可以对 USB 控制器进行透传，外设进行透传或重定向。

（1）控制器透传

USB 控制器也位于 PCI 总线上，所以将整个控制器及其上面的 hub、外设全部透传至虚拟机中，可以参考上一节中的相关域定义，不同的是我们需要找到 USB 控制器对应的 PCI 总线地址，如下所示：

#root@kvm-host:~# lspci -nn| grep -i usb

00:1a.0 USB controller [0c03]: Intel Corporation C610/X99 series chipset USB Enhanced Host Controller #2 [8086:8d2d]（rev 05）

00:1d.0 USB controller [0c03]: Intel Corporation C610/X99 series chipset USB Enhanced Host Controller #1 [8086:8d26]（rev 05）

然后选择要透传的 USB 控制器，需要查看主机线路简图或外设简图以确定要透传的 USB 接口，如果是对主机直接操作，需避免将连有 USB 键盘鼠标设备的控制器透传至虚拟机，否则会造成后续操作的不便。

#root@kvm-host:~# lsusb

Bus 001 Device 002: ID 8087:800a Intel Corp.

Bus 002 Device 002: ID 8087:8002 Intel Corp.

Bus 001 Device 001: ID 1d6b:0002 Linux Foundation 2.0 root hub

Bus 002 Device 001: ID 1d6b:0002 Linux Foundation 2.0 root hub

Bus 002 Device 003: ID 12d1:0003 Huawei Technologies Co., Ltd.

参考上一节中的驱动绑定，使用 vfio-pci 对 USB 控制器进行透传，假设要透传的控制器为 2 号控制器，它的总线地址为 00:1a.0，设备 ID 为 8086:8d26：

#root@kvm-host:~# echo 0000:00:1a.0 > /sys/bus/pci/devices/0000\:04\:10.0/driver/unbind

#root@kvm-host:~# echo 8086 8d26> /sys/bus/pci/drivers/vfio-pci/new_id

最后在 QEMU 中添加如下参数：

-device vfio-pci，host=00:1a.0，id=hostdev0，bus=pci.0，multifunction=on，addr=0x9

（2）外设透传

QEMU 下 USB 外设的透传相对比较容易，只需要在域定义中添加对应的 USB 外设的厂商与设备 ID 即可，以透传 USB-Key 为例：

查看设备总线地址与设备 ID：

#root@kvm-host:~# lsusb

Bus 001 Device 002: ID 8087:800a Intel Corp.

Bus 002 Device 002: ID 8087:8002 Intel Corp.

Bus 001 Device 001: ID 1d6b:0002 Linux Foundation 2.0 root hub

Bus 002 Device 001: ID 1d6b:0002 Linux Foundation 2.0 root hub

Bus 001 Device 003: ID 04b9:8001 Rainbow Technologies，Inc.

Bus 002 Device 005: ID 096e:0202 Feitian Technologies，Inc.

Bus 002 Device 004: ID 12d1:0003 Huawei Technologies Co.，Ltd.

然后在域定义中添加设备 ID，也可指定设备的总线地址：

<hostdev mode='subsystem' type='usb' managed='yes'>

    <source>

    <vendor id='0x04b9' />

    <product id='0x8001' />

    </source>

</hostdev>

对应到 QEMU 的参数是"-device usb-host，vendorid=0x04b9，productid=0x8001"或者"-device usb-host，hostbus=1，hostaddr=3，id=hostdev0"，也可是"-usbdevice host:0529:0001"等形式。

4.4　QEMU Monitor 配置

QEMU 监控器（monitor）是实现 QEMU 与用户交互的一种控制台，一般用于为 QEMU 模拟器提供较为复杂的功能，包括为虚拟机添加和删除媒体镜像（如 CD-ROM、磁盘镜像等），暂停和继续虚拟机的运行，快照的建立和删除，从磁盘文件中保存和恢复虚拟机状态，虚拟机动态迁移，查看虚拟机状态参数等。

4.4.1 QEMU Monitor 常用命令

（1）辅助类命令

有一部分命令可以称为辅助性命令，比如 info 和 help。help 可以查询显示某个命令的简要帮助信息；info 命令主要用来显示虚拟机的运行信息。比如 info blockstats 将显示虚拟机中的块设备的读写操作的信息：读入字节、写入字节、读写操作的次数等。

help 显示帮助信息，其命令格式为："help 或？[cmd]"，help 与？命令是同一个命令，都是显示命令的帮助信息。它后面不加 cmd 命令作为参数时，help 命令或者？命令将显示该 QEMU 中支持的所有命令及其简要的帮助信息。当含有 cmd 参数时，"help cmd" 将显示 cmd 命令的帮助信息，如果 cmd 参数不存在，则帮助信息输出为空。

在 QEMU monitor 中使用 help 命令相关示例的操作如下图 4-40 和 4-41 所示：

```
(qemu) help migrate
migrate [-d] [-b] [-i] uri -- migrate to URI (using -d to not wait for completion)
                         -b for migration without shared storage with full copy of disk
                         -i for migration without shared storage with incremental copy of disk (base image shared between src and destination)
```

图 4-40　QEMU monitor 中 migrate 命令的帮助信息

```
(qemu) help snapshot_blkdev
snapshot_blkdev [-n] device [new-image-file] [format] -- initiates a live snapshot
                         of device. If a new image file is specified, the
                         new image file will become the new root image.
                         If format is specified, the snapshot file will
                         be created in that format.
                         The default format is qcow2.  The -n flag requests QEMU
                         to reuse the image found in new-image-file, instead of
                         recreating it from scratch.
(qemu)
```

图 4-41　QEMU monitor 中 snapshot_blkdev 命令的帮助信息

info 命令显示当前系统状态的各种信息，也是 monitor 中一个常用的命令，其命令格式如下："info subcommand"，显示 subcommand 中描述的系统状态。如果 subcommand 为空，则显示当前可用的所有的各种 info 命令组合及其介绍，这与 "help info" 命令显示的内容相同，下面介绍一些常用的 info 命令的基本功能。

info version

查看 QEMU 的版本信息。

info kvm

查看当前 QEMU 是否有 KVM 的支持。

info name

显示当前虚拟机的名称。

info status

显示当前虚拟机的运行状态。

info uuid

查看当前客户机的 UUID 标识。

info cpus

查看客户机各个 vCPU 的信息。

info registers

查看客户机的寄存器状态信息。

info tlb

查看 TLB 信息，显示了客户机虚拟地址到客户机物理地址的映射。

info mem

查看客户机中看到的 NUMA 结构。

info mtree

以树状结构展示内存的信息。

（2）设备类命令

change 命令改变一个设备的配置，如"change vnc localhost:2"改变 VNC 的配置，"change vnc password"更改 VNC 连接的密码，"change ide1-cd0 /path/a.iso"改变客户机中光驱加载的光盘。

usb_add 和 usb_del 命令添加和移除一个 USB 设备，如"usb_add host:002.004"表示添加宿主机的 002 号 USB 总线中的 004 设备到客户机中，"usb_del 0.2"表示删除客户机中某个 USB 设备。

device_add 和 device_del 命令动态添加或移除设备，如"device_add pci-assign，host=02:00.0，id=mydev"将宿主机中的 BDF 编号为 0.2:00.0 的 PCI 设备分配给客户机，而"device_del mydev"移除刚才添加的设备。

mouse_move 命令移动鼠标光标到指定坐标，例如"mouse_move 500 500"将鼠标光标移动到坐标为（500，500）的位置。

mouse_button 命令模拟点击鼠标的左中右键，1 为左键，2 为中间键，4 为右键。

sendkey keys 命令向客户机发送 keys 按键（或组合键），就如同非虚拟环境中那样的按键效果。如果同时发送的是多个按键的组合，则按键之间用"-"来连接。

如"sendkey ctrl-alt-f2"命令向客户机发送"ctrl-alt-f2"键，将会切换客户机的显示输出到 tty2 终端；"snedkey ctrl-alt-delete"命令则会发送"ctrl-alt-delete"键，在文本模式中该组合键会重启系统。

（3）客户机类命令

savevm、loadvm 和 delvm 命令创建、加载和删除客户机的快照，如"savevm mytag"表示根据当前客户机状态创建标志为"mytag"的快照，"loadvm mytag"表示加载客户机标志为"mytag"快照时的状态，而"del mytag"表示删除"mytag"标志的客户机快照。

migrate 和 migrate_cancel 命令动态迁移和取消动态迁移，如"migrate tcp:des_ip:6666"表示动态迁移当前客户机到 IP 地址为"des_ip"的宿主机的 TCP6666 端口上去，而"migrate_cancel"则表示取消当前进行中的动态迁移过程。

commit 命令提交修改部分的变化到磁盘镜像中（在使用了"-snapshot"启动参数），或提交变化部分到使用后端镜像文件。

system_powerdown、system_reset 和 system_wakeup 命令，其中 system_powerdown 命令向客户机发送关闭电源的事件通知，一般会让客户机执行关机操作；system_reset 命令让客户机系统重置，相当于直接拔掉电源，然后插上电源，按开机键开机；system_wakeup 将客户机从暂停中唤醒。

4.4.2 QEMU Monitor 配置

在启动 QEMU 的时候，同时也会启动 Monitor 的控制台，通过这个控制台，可以与 QEMU 或者运行状态的虚拟机进行交互。虽然现在有诸如 virt-manager 之类的图形界面的虚拟机管理工具，但是在 Monitor 的控制台窗口输入命令似乎更符合 Linux 程序员的使用习惯，而且还能完成一些图形化管理工具所不具备的功能。在 Monitor 控制台中，可以完成很多常规操作，比如添加删除设备、虚拟机音视频截取、获取虚拟机运行状态、更改虚拟机运行时配置等等。

事实上，启动 QEMU 后通常是看不到 Monitor 界面的。要进入该界面，可以在 QEMU 窗口激活的时候按住"Ctrl+Alt+2"进入，切换回工作界面需要按"Ctrl+Alt+1"。另外，还可以在 QEMU 启动的时候指定 -monitor 参数。比如 -monitor stdio 将允许使用标准输入输出作为 Monitor 命令源。这种方式和常见的 Linux 交互式的用户程序无异，所以在做测试工作的时候，可以很方便地编写出对虚拟机监控的 Shell 脚本程序。

–monitor dev 该参数的作用是将 monitor 重定向到宿主机的 dev 设备上。关于 dev 设备这个选项的写法有很多中，详细说明如下：

（1）虚拟控制台

虚拟控制台即 Virtual Console，如果不加"–monitor"参数就会使用"–monitor vc"作为默认参数。并且，可以指定 monitor 虚拟控制台的宽度和长度，例如参数"vc:800×600"表示宽度、长度分别为 800 像素、600 像素，"vc:80C×24C"则表示宽度、长度分别为 80 个字符宽和 24 个字符长，这里的 C 代表字符（character）。注意，只有选择这个"vc"为"–monitor"的选项时，利用上面介绍的"Ctrl+Alt+2"组合键才能切换到 monitor 窗口，其他情况下不能用这个组合键。

（2）/dev/XXX

使用宿主机的终端（tty），例如参数"–monitor /dev/ttyS0"是将 monitor 重定向到宿主机的 ttyS0 串口上去，而且 QEMU 会根据 QEMU 模拟器的配置来自动设置该串口的一些参数。

（3）null

空设备，表示不将 monitor 重定向到任何设备上，这种情况下是不能连接到 monitor 的。

（4）stdio

标准输入输出，不需要图形界面的支持。参数"–monitor stdio"将 monitor 重定向到当前命令行所在的标准输入输出上，可以在运行 QEMU 命令后直接就默认连接到 Monitor 中，操作便捷，这种方式通常适用于需要输入较多 QEMU Monitor 命令的情况。

4.4.3　QEMU 配置 CPU 特性

当虚拟机需要尽可能多地使用宿主机物理 CPU 支持的特性时，QEMU 提供了"–cpu host"参数，可以将物理 CPU 的所有特性提供给虚拟机（如果 KVM 和 QEMU 支持该特性）使用。使用"–cpu host"参数时，需使用 KVM，即同时使用"––enable–kvm"参数。

（1）在宿主机上查看 CPU 信息。

```
root@ubuntu:~# cat /proc/cpuinfo
processor        : 0
vendor_id        : GenuineIntel
```

cpu family   : 6

model   : 60

model name   : Intel（R）Pentium（R）CPU G3240 @ 3.10GHz

stepping   : 3

microcode   : 0x19

cpu MHz   : 901.770

cache size   : 3072 KB

physical id   : 0

siblings   : 2

core id   : 0

cpu cores   : 2

apicid   : 0

initial apicid   : 0

fpu   : yes

fpu_exception   : yes

cpuid level   : 13

wp   : yes

flags   : fpu vme de pse tsc msr pae mce cx8 apic sep mtrr pge mca cmov
pat pse36 clflush dts acpi mmx fxsr sse sse2 ss ht tm pbe syscall nx pdpe1gb rdtscp
lm constant_tsc arch_perfmon pebs bts rep_good nopl xtopology nonstop_tsc cpuid
aperfmperf pni pclmulqdq dtes64 monitor ds_cpl vmx est tm2 ssse3 sdbg cx16 xtpr
pdcm pcid sse4_1 sse4_2 movbe popcnt tsc_deadline_timer xsave rdrand lahf_lm abm
cpuid_fault epb tpr_shadow vnmi flexpriority ept vpid fsgsbase tsc_adjust erms invpcid
xsaveopt dtherm arat pln pts

bugs   :

bogomips   : 6186.13

clflush size   : 64

cache_alignment : 64

address sizes   : 39 bits physical，48 bits virtual

power management:

```
processor       : 1
vendor_id       : GenuineIntel
cpu family      : 6
model           : 60
model name      : Intel（R）Pentium（R）CPU G3240 @ 3.10GHz
stepping        : 3
microcode       : 0x19
cpu MHz         : 1169.689
cache size      : 3072 KB
physical id     : 0
siblings        : 2
core id         : 1
cpu cores       : 2
apicid          : 2
initial apicid  : 2
fpu             : yes
fpu_exception   : yes
cpuid level     : 13
wp              : yes
flags           : fpu vme de pse tsc msr pae mce cx8 apic sep mtrr pge mca cmov
pat pse36 clflush dts acpi mmx fxsr sse sse2 ss ht tm pbe syscall nx pdpe1gb rdtscp
lm constant_tsc arch_perfmon pebs bts rep_good nopl xtopology nonstop_tsc cpuid
aperfmperf pni pclmulqdq dtes64 monitor ds_cpl vmx est tm2 ssse3 sdbg cx16 xtpr
pdcm pcid sse4_1 sse4_2 movbe popcnt tsc_deadline_timer xsave rdrand lahf_lm abm
cpuid_fault epb tpr_shadow vnmi flexpriority ept vpid fsgsbase tsc_adjust erms invpcid
xsaveopt dtherm arat pln pts
bugs            :
bogomips        : 6187.16
clflush size    : 64
cache_alignment : 64
address sizes   : 39 bits physical，48 bits virtual
```

power management:

（2）使用 "–cpu host" 参数启动 Ubuntu14.04 虚拟机

使用命令 "qemu–system–x86_64 /home/kvm/img/ubuntu14.04.img –m 1024 –net nic –net user –cpu host --enable-kvm –vnc :1" 开启虚拟机。使用 "–cpu host" 参数时需使用 "--enable-kvm" 参数打开 kvm 虚拟化支持。虚拟机 CPU 特性如图 4-42 所示。

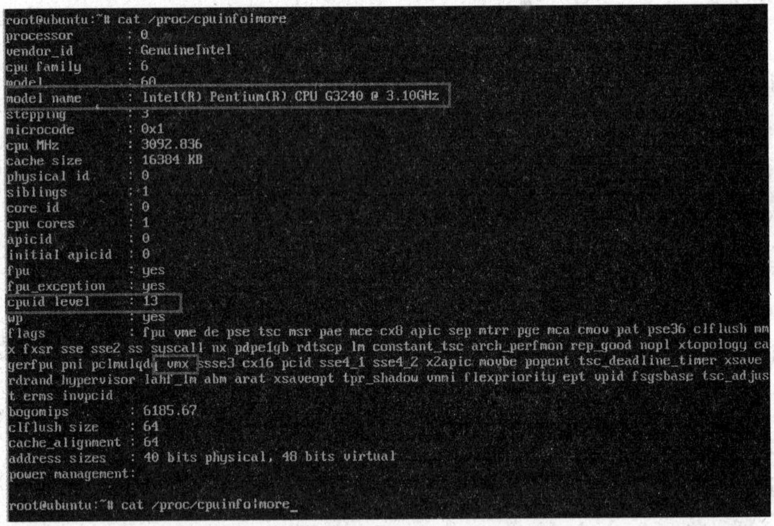

图 4-42　Ubuntu14.04 虚拟机的 CPU 特性（添加 –cpu host 参数）

从图 4-42 可知，虚拟机看到的 CPU 特性和宿主机基本保持一致，都是 "Intel（R）Pentium（R）CPU G3240 @ 3.10GHz"，cpuid level 也是和宿主机一样的 13，在 CPU 的特性标识 flags 中，也包含了大部分和宿主机一致的特性，包括 "vmx"。这些都说明宿主机已经尽可能将自身的 CUP 特性一一提供给虚拟机使用了。

当然，由于 KVM 和 QEMU 对 CPU 的某些特性并没有提供模拟和实现，所以，"ept" "vpid" 等 CPU 特性虚拟机就无法呈现。

（3）不使用 "–cpu host" 参数启动 Ubuntu14.04 虚拟机

使用命令 "qemu–system–x86_64 /home/kvm/img/ubuntu14.04.img –m 1024 –net nic –net user --enable-kvm –vnc :1" 开启 Ubuntu14.04 虚拟机，不添加 "–cpu host" 参数，以和第二步进行对比。如图 4-43 所示。

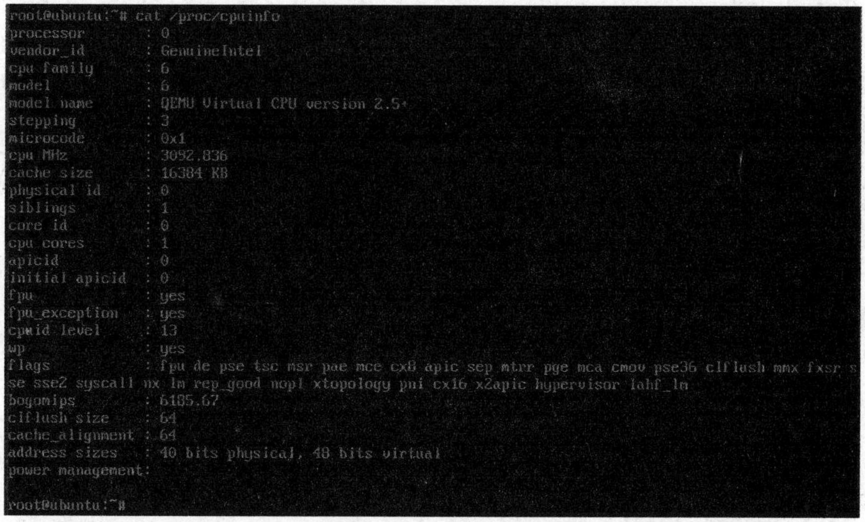

图 4-43 Ubuntu14.04 虚拟机的 CPU 特性（不添加 –cpu host 参数）

不添加"–cpu host"参数时，可以看到虚拟机 CPU 是 QEMU 模拟出来的 "QEMU Virtual CPU version 2.5+"，CPU 的特性标识 flags 也相对较少，也找不到支持虚拟化的标识"vmx"了。

第五章 构建桌面云服务端的关键技术

5.1 基于 SPICE 的桌面显示协议的选择和使用

5.1.1 桌面显示协议的选择

远程桌面显示协议用于传输虚拟桌面的图像信息，图像信息主要包括桌面图像的像素点编码以及图像变化的变化量编码信息。桌面云解决方案的主要厂商微软、Citrix 和 Vmware，使用的桌面显示协议主要有三种：集成在 Windows 中的 RDP 协议，Citrix 的 ICA 协议，VMware 与 Teradici 共同开发的 PCoIP 协议。桌面云远程桌面访问流量与远程桌面显示协议相关，不同协议通信的访问流量不同，协议效率决定了带宽需求和桌面云使用的用户体验。在充分分析现有传输协议特点的情况下，研究并设计适用于桌面云系统中的高效可靠远程传输协议。

SPICE（Simple Protocol for Independent Computing Environment）协议全称为独立计算环境简单协议，SPICE 协议采取独有的架构能够直接运行在虚拟机服务器上，通过 VDI 后端直接创建与前端进行交互的虚拟多通道，采用 KVM 虚拟化技术让虚拟桌面用户可直接访问远程服务器虚拟资源，提高了整个虚拟桌面的传输性能。表 5-1 是四种桌面传输协议的性能对比。

基于 SPICE 协议的虚拟桌面客户端的优势有以下几点：

（1）为用户创建多个通用接口，能够在不同的平台使用。通用接口包括：播放功能、光标移动、音频播放和录像等；

（2）SPICE 客户端的 USB 能够远程附属到虚拟机；

（3）SPICE 协议专用于多媒体，所以声音和视频播放也能在客户端上运行得更有效。

（4）SPICE 协议是开源的，只有硬件支持，对新客户端模块的开发更加容易；

（5）SPICE 支持混合的环境，客户端环境与子操作系统可是任意的。

表 5-1　四种桌面传输协议的性能对比

特性	SPICE	ICA	RDF	PCoIP
传输带宽要求	中	低	高	高
图像展示体验	高	中	低	高
双向音频支持	高	高	中	低
视频播放支持	高	中	中	低
用户外设支持	中	高	高	低
传输安全性	高	高	中	高
支持厂商	RedHat	Citrix	微软	VMware

5.1.2　SPICE 桌面传输协议

SPICE 协议是专门为桌面虚拟化解决方案而设计的传输协议。SPICE 协议为虚拟环境建立了一个远程显示系统，用户可在互联网的任意位置使用各种终端查看远程桌面系统。

SPICE 基本构件由四个部分组成：SPICEProtocol、SPICEGuest、SPICEServer 和 SPICEClient。

SPICEProtocol 定义了各种 SPICE 组件之间的通信信息和规则，例如，传送图形对象、键盘和鼠标的事件、光标信息、音频的播放和记录等。

SPICEGuest 运行在虚拟机中，它可以使用 SPICE 的全部功能，例如 QXLdriver 和 SPICEvdagent 等。

SPICEServer 是一个在 libspice 中实现的 VDI（VirtualDeviceInterfaces，虚拟设备接口）可插拔库。虚拟设备接口 VDI 通过软件的组件定义了一组发布虚拟设备（例如，显示、键盘、鼠标、音频等）的标准接口，实现不同 SPICE 组件与这些虚拟设备接口的交互。SPICEServer 通过 SPICE 协议连接远程客户端，也可以与 VDI 主机应用交互。

一方面，SPICEServer 与使用 SPICEProtocol 的远程客户端进行通信，另一方面，SPICEServer 与 VDI 主机应用程序进行交互（例如 QEMU）。SPICEServer 提供 QXLVDI 接口，在 QEMU 中使用 libspice，通过 QXL 视频 PCI 设备可用于改进远程显示性能和提升客户图形系统的图形处理能力。

SPICEClient 不仅负责发送数据，而且还要翻译与虚拟机交互的数据，虚拟桌面的用户可以使用 SPICE 客户端通过 SPICEServer 访问远程系统，在 SPICEProtocol 中可以使用在 virt-viewer 中的 remoteviewer 客户端。

SPICE 与 KVM 都是独立的开源项目，但 SPICE 服务端必须依赖于 KVM 虚拟化管理程序而不能独立存在，而 KVM 也必须要借助于 SPICE 框架构建桌面虚拟化解决方案的服务端，两者紧密相连。借助 KVM 虚拟化框架，可以允许在单个物理服务器上运行多个 Linux 或者 Windows 操作系统的虚拟机，每一个虚拟桌面环境有一个虚拟机进程，SPICEServer 直接与虚拟设备进行交互而不需要通过 GuestOS。通过 SPICE 协议可以将运行于 KVM 虚拟化框架之上的虚拟桌面交付于终端的 SPICEClient 进行显示。图 5-1 显示了基于 SPICE 协议的桌面虚拟化框架。

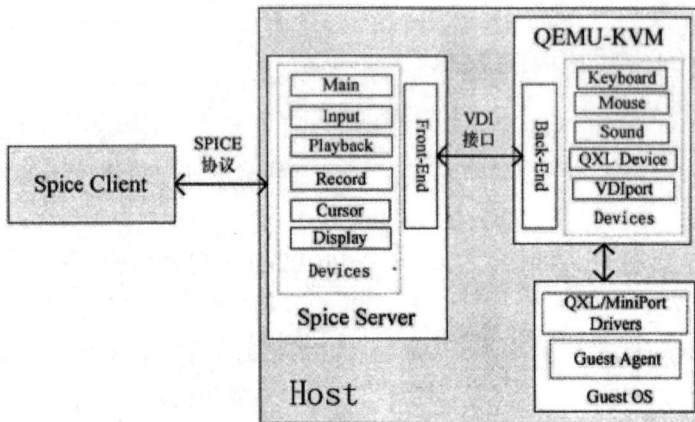

图 5-1　基于 SPICE 协议的桌面虚拟化框架

5.1.3　鼠标模式处理

SPICE 支持两种鼠标模式：服务器端鼠标模式和客户端鼠标模式[11]。鼠标模式可在客户端和服务器之间动态地选择。

服务端鼠标模式：当用户在 SPICE 客户端窗口内点击鼠标，它使用的是相对偏移，这时客户端鼠标被捕获，客户端向服务端发送鼠标移动的变化值，服务器控制客户端显示器上鼠标的位置，这种模式下服务器会一直同步客户端上的位置信息，在有问题的广域网或负载较重的服务器上，鼠标光标可能会出现延迟或无反应的现象。

客户端鼠标模式：客户端鼠标不会被捕获，为了启动客户机鼠标模式，在 VDI 主机应用程序中必须注册一个绝对定点设备，该模式使用绝对位置，客户端向服务端发送鼠标的绝对位置信息。这种模式适用于广域网或已加载的服务器，因为光标具有平滑的运动和反应能力。图 5-2 显示了鼠标操作 SPICE 传输原理图。

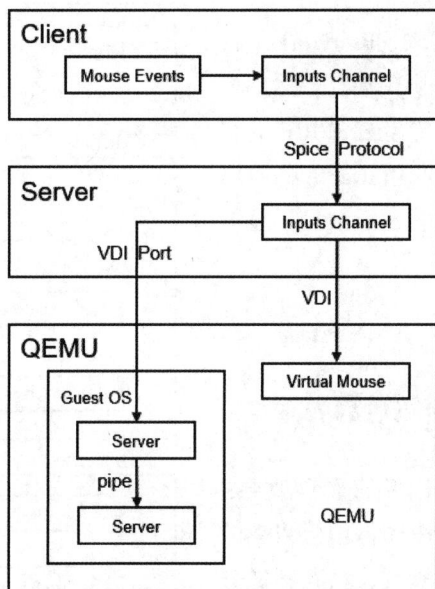

图 5-2　鼠标操作 SPICE 传输原理图

5.1.4　显示模式处理

SPICE 框架中对显示数据的处理主要包括 QEMU 中的虚拟显示设备、服务端数据处理、客户端的图像渲染和 Guest 端显示驱动程序。VGA 设备可以提高远程显示效果和增强 Guest 端的图形显示能力。

SPICE 服务端通过调用 RedWorker 处理 SPICE 协议消息。RedWorker 处理的数据主要有三种：

RedServer 通过 Dispatcher 接口发送命令；

QXLDevice 通过 RedWorker 发送同步命令；

RedWorker 通过 QXLInterface 获取异步 QXL 命令。

当 Guest 端有显示更新出现时，Guest 端会向 QEMU 写入命令设备行，QXLDriver 向 QEMU 中的 QXLDevice 发出更新消息，RedServer 调用 Dispatcher 接口启动 RedDispatcher 服务，QXLDevice 通过调用 RedWorker 与 RedDispatcher 交互，RedWorker 与 RedDispatcher 使用套接字进行通信，RedWorker 通过 QXLVDI 对 QXL 命令进行读取，RedWorker 将 QXL 命令转换为 SPICE 协议消息，然后将协议消息通过不同通道传递给 SPICE 的客户端，客户端会调用 RedDrawable 将协议消息转化为图形命令。图 5-3 给出了显示传输 SPICE 处理图。

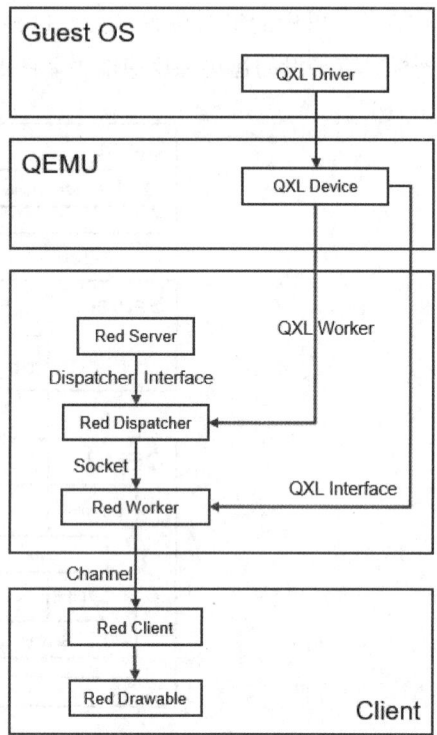

图 5-3　显示传输 SPICE 处理图

5.2　云图像边缘检测算法

云图像边缘是数字图像的重要特征之一，边缘提取主要是获得图像中感兴趣的边缘，是图像处理中的基础，其在图像分割、运动检测、目标跟踪、人脸识别等各个领域被广泛应用 [12]。由于噪声的存在，对图像边缘的完整性和准确性产生影响，容易产生虚假边缘。对此，良好的边缘提取算法具有较强的鲁棒性，既能抵抗噪声的干扰得到更加完整的边缘，又没有虚假边缘，从而更准确表示图像中有意义的特征。

HT（HoughTransform，HT 变换）是云图像变换中的最常用的方法之一，常用于图像中含各种相同特征的几何形状的提取和线性特征的检测，具有良好的抗噪性和受边界间断影响小等优点。主要根据点和线的关系，通过将图像上的点和对应的参数空间，把图像中曲线提取问题转化为寻求参数空间中的峰值问题[13-14]。并且利用良好的方向选择性，采用积分的思想，根据包含当前像素点在内的局部线性特征走向获得边缘方向，通过判断交线交点处的累加程度来完成图像边缘方向的检测。

5.2.1　边缘提取算法流程

本文提出并利用了一种基于 HT 耦合蚁群优化图像边缘提取算法。通过霍夫变换，对输入图像进行 HT，消除噪声和线段间隔对图像边缘的影响，对图像像素梯度和像素圆形邻域统计均值的差值进行计算，并作为蚁群的启发信息；最后，利用 ACO（AntClonyOptimization）算法，引导蚁群搜索图像边缘，从而完成图像边缘提取。边缘提取的主要过程如图 5-4 所示。

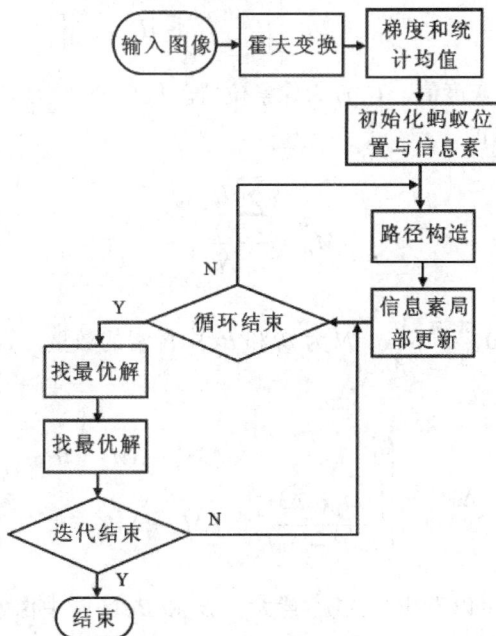

图 5-4　边缘提取流程

5.2.2　边缘特征

云图像边缘是图像的重要特征之一，表示了图像的轮廓信息，一般是根据图像像素灰度值的突变情况进行确定，因此，利用像素梯度表示边缘特征。本文引入统计估计技术，例如以像素 (i,j) 为中心，半径为 r 的圆形区域，以倾斜角度为 α 的直线分成两部分 B_1 和 B_2。根据统计估计法，像素的类型可用统计均值表示[15]。通过计算分割后 2 部分的像素灰度的统计均值，如果 (i,j) 处于边缘，B_1 和 B_2 的统计均值相差很大，反之也适用。所以，图像的边缘为像素形成的曲线，在曲线的两侧的像素统计值不同，以 8 个像素四个方向的灰度值归一化形成像素的梯度值，如图 5-5 所示，其函数表示如下：

$$\nabla I_{(i,j)} = \frac{1}{255} \max \begin{bmatrix} \left| I_{(i,j-1)} \right| - \left| I_{(i,j+1)} \right| \\ \left| I_{(i-1,j)} \right| - \left| I_{(i+1,j)} \right| \\ \left| I_{(i-1,j+1)} \right| - \left| I_{(i+1,j-1)} \right| \\ \left| I_{(i-1,j-1)} \right| - \left| I_{(i+1,j+1)} \right| \end{bmatrix} \qquad (1)$$

其中，$I_{(i,j)}$ 表示像素灰度值，(i,j) 为像素位置。根据统计学理论，对 B_1 和 B_2 的均值进行求解，表示如下：

$$M_{\alpha}^{k} = \frac{\sum\limits_{i,j} I_{(i,j)}}{N} \qquad (2)$$

其中，$k=1,2$，$\alpha = 0, \dfrac{\pi}{4}, \dfrac{\pi}{2}, \dfrac{3\pi}{4}$，$N$ 为 B_1 和 B_2 中像素的数量。因此，两像素均值的差值可定义如下：

$$\Delta M_{\alpha}^{k} = \begin{cases} 0 & \Delta M_{\alpha}^{1} + \Delta M_{\alpha}^{2} = 0 \\ \dfrac{\left| \Delta M_{\alpha}^{1} - \Delta M_{\alpha}^{2} \right|}{\Delta M_{\alpha}^{1} + \Delta M_{\alpha}^{2}} & \Delta M_{\alpha}^{1} + \Delta M_{\alpha}^{2} \neq 0 \end{cases} \qquad (3)$$

根据模型（3）可以看出，ΔM_{α}^{k} 越大，B_1 和 B_2 区域中像素相差越大，因此，其处于边缘概率越强。根据以上描述，像素的梯度特征对噪声和纹理，统计均值的差值具有较强的抗噪性，但如果边缘大可能导致信息的丢失，因此，为了平衡二者关系，设计边缘信息如下：

$$f_{(i,j)} = a\Delta I_{(i,j)} + b\Delta M_{(i,j)} \qquad (4)$$

式中，a 和 b 为权重值，二者相加等于 1，对像素梯度和统计均值进行控制。

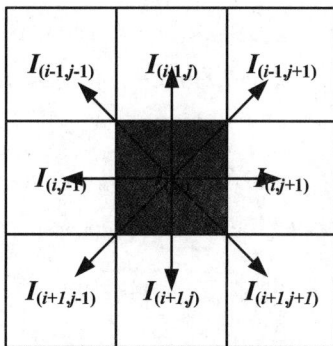

图 5-5　3*3 邻域像素梯度值

5.2.3　基于蚁群优化边缘提取

云图像的边缘特征主要与像素点密切相关，因此，本小节利用蚁群优化算法对图像像素计算，从而提取图像的边缘。蚁群优化算法是把图像作为一个二维空间，每个像素点为一个节点[16-17]。在计算过程中，以 8 个相邻像素的信息强度和信息值，优先选定信息素分布多，信息值大的节点，并释放信息素。如果某点的蚂蚁走过越多，那么该点的信息素越大，同时将对其他蚂蚁产生更大的吸引，从而，附近的蚂蚁不断朝边缘聚集；因此，处于边缘点上信息素大于非边缘点。从而根据信息素的分布完成边缘的提取。本文蚁群优化算法的边缘提取主要由四部分组成：

步骤 1：初始化设置。对于图像 I，随机选择大小为 $M_1 \times M_2$ 区域的 k 个像素点，每只蚂蚁随机分布于像素点上，令每个信息素矩阵 T^n 的初始值为常数 T^0。

步骤 2：路径构造。由于每个节点对蚂蚁的吸引力不同，在第 n 次移动中，每只蚂蚁可选择新的路径的概率可通过如下定义：

$$P^n_{(l,m),(i,j)} = \frac{(T^{(n-1)}_{i,j})^\alpha (\eta_{i,j})^\beta \omega_\Delta}{\sum\limits_{(s,q)\in\Omega(l,m)} (T^{(n-1)}_{s.q})^\alpha (\mu_{s,q})^\beta} \qquad (5)$$

其中，$P^n_{(l,m),(i,j)}$ 表示从像素 (i,j) 到 (l,m) 发生的概率，$T_{i,j}, \eta_{i,j}$ 分别为像素点 (i,j) 的信息素强度和启发信息，ω_Δ 为权重函数，Δ 为蚂蚁移动过程中相对之前的方向变量，$\Delta=0, \frac{\pi}{4}, \frac{\pi}{2}, \frac{3\pi}{4}$，$\Delta$ 的变化量越大，ω_Δ 越小，反之亦然。α，β 为信息素强度和启发信息的控制因子，根据公式（4），$\eta_{i,j}$ 可定义如下：

$$\eta_{i,j} = f_{i,j} \tag{6}$$

步骤 3：信息素更新。经过每次移动后，信息素的值进行一次更新，更新函数如下所示：

$$T_{i,j}^{n-1} \leftarrow \begin{cases} 1 - \rho T_{i,j}^{n-1} + \rho \eta_{i,j}^k & k-th\ ant\ visited \\ T_{i,j}^{n-1} & otherwise \end{cases} \tag{7}$$

其中，ρ 为控制 $T_{i,j}^{n-1}$ 更新因子。根据所有蚂蚁的移动，信息素矩阵更新如下：

$$T^{(n)} = (1 - \xi).T^{(n-1)} + \xi T^{(0)} \tag{8}$$

其中，ξ 为信息素衰变系数，$T^{(0)}$ 为信息素初始值。通过步骤 2 和步骤 3 的 N 次迭代，获得了能够表示图像的信息素 $T^{(n)}$。

步骤 4：边缘判断。为了对每个像素点进行决策判断，确定其是否处于边缘上，对 $T^{(n)}$ 引入一个阈值 τ 求解。令初始阈值为 τ_0，根据 $T^{(n)}$ 与 τ_0 的大小关系，将像素划分成 G_1 和 G_2 两部分，其中 G_1 符合：$T^{(n)} > \tau_0$，G_2 符合：$T^{(n)} < \tau_0$。分别计算 G_1 和 G_2 的平均值 ϖ_1 和 ϖ_2，然后，根据得到的平均值计算新的阈值 τ，表示为：

$$\tau = \frac{\varpi_1 + \varpi_2}{2} \tag{9}$$

不断迭代，重复以上操作，直到得到的 τ 小于预设设定的值 ε。

5.2.4 实验分析

为了对云图像本文边缘提取算法的先进性进行验证，选择边缘特征比较明显的灰度图像进行测试，测试图像的尺寸为 384×256。借助 MATLAB7.0 进行仿真分析，仿真条件为：Intel I5 四核 CPU，2.6GHz，4GB ROM，1TB 硬盘，Win 7 系统 PC 机。为了具有可比性，选择当前常用的图像边缘提取算法作为对照，分别为：文献 [18] 中改进的 Canny 边缘检测、文献 [19] 中基于蚁群优化的边缘检测和文献 [20] 中基于小波变换的边缘检测，分别记 A、B、C 算法。

（1）实验参数

参数对算法的性能具有重大的影响，因此，为了更好地体现本文算法的边缘提取的性能，通过多次试验得到了本文算法的最优参数，表示为：步长 $L=50$ ，迭代次数 $N=4$ ，区域半径 $r=4$ ，权重因子 $\alpha=6$ ， $\beta=0.01$ ，初始信息数 $T^0=0.0001$ ， $\rho=0.1$ ， $\xi=0.3$ ， $\varepsilon=0.01$ 。

（2）实验结果与分析

图 5-6 为恐龙灰度图像通过三种对照组算法与本文算法提取的图像边缘结果。图 5-6（a）为初始图，图 5-6（b）-（e）分别为 A、B、C 与本文算法的结果。根据图 5-6 中的实验结果不难看出，四种算法对于无噪声图像得到的边缘都算比较完整，但是，A 算法与 B 算法出现了一些细碎的边缘，C 算法在尾部产生了一些断裂现象，而本文算法得到的边缘完整性较好，能够详细地反映图像的结构信息。本文的算法进行了边缘信息计算，通过计算图像像素的梯度和统计均值，并建立了二者之间的权重函数，准确地识别图像边缘。

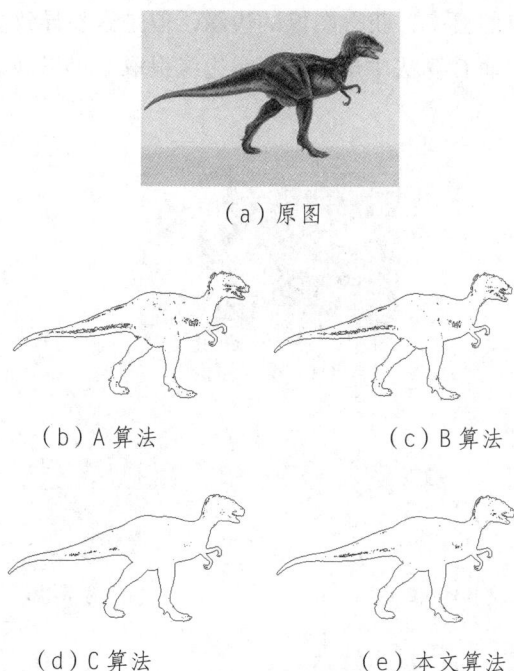

（a）原图

（b）A 算法　　　　　　　　　　（c）B 算法

（d）C 算法　　　　　　　　　　（e）本文算法

图 5-6　无噪声图像边缘提取结果

为了体现算法的适应性和抗噪性，以图像中添加高斯噪声为例，如图 5-7 所示。图 5-7 为四种算法对含有均值为 0，均方差为 1 的高斯噪声的实验结果。图 5-8 为四种算法对含有均值为 0，均方差为 5 的高斯噪声的实验结果。图 5-7（a）

为含有均值为 0 均方差为 1 的钥匙灰度图像，图 5-8（a）为含有均值为 0 均方差为 5 的钥匙灰度图像，图 5-7 和图 5-8（b）-（e）分别为对照组与本文算法提取得到的边缘结果。依据图 5-7 看出，在高斯噪声均方差较小时，对提取的结果影响不大，说明四种算法在低噪声时能够较好的提取边缘，算法具有一定的抗噪性。根据图 5-8 看出，当噪声密度较大时，图 5-8（b）中提取的结果中噪声比较明显，出现了较多的虚假边缘。图 5-8（c）中由于噪声的存在，也出现了一些伪边缘，丢失了一些有用的边缘信息。图 5-8（d）中算法能够一定程度上降低噪声的干扰，提高定位准确，但是得到的边缘出现小连续的现象。图 5-8（e）为本文算法的结果，可看出其提取的边缘较完整，连续性好，大大降低了噪声的影响。主要原因是由于 A 算法采用 WT 与中值滤波代替高斯滤波，当噪声密度较大时，噪声像素很容易统计为弱边缘。而 B 算法通过线性加权将信息素、梯度值、支持区面积来计算蚂蚁经过某个点的概率，获得图像的边缘，但是容易导致变化缓慢的边缘丢失和提取虚假边缘。而 C 算法中虽然 WT 在边缘提取中可以降低噪声，但产生一些小连续边缘。

（a）噪声图像

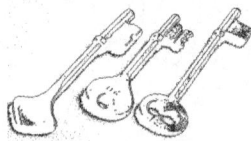

（b）A 算法

（c）B 算法

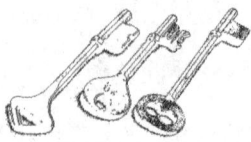

（d）C 算法

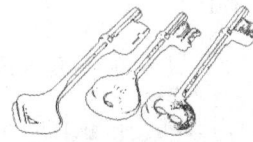

（e）本文算法

图 5-7　低噪声密度图像边缘提取结果

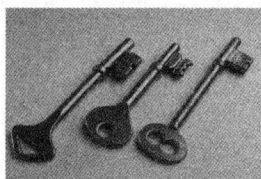

（a）噪声图像

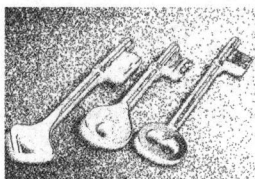

（b）A算法

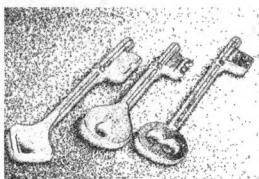

（c）B算法

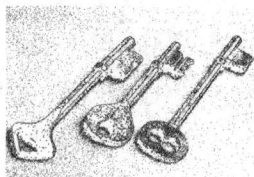

（d）C算法

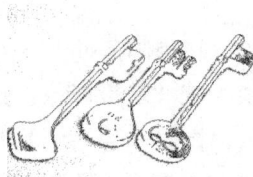

（e）本文算法

图 5-8　高噪声密度图像边缘提取结果

为了客观地对实验提取的边缘进行评价，引入优质系数 P_z 作为评价指标[21]。P_z 的值越大，表明提取的边缘越完整，细节越详细，其定义如下：

$$P_z = \frac{1}{\max(n_0, n_d)} \sum_{i=1}^{n_d} \frac{1}{1 + \partial d_i^2} \tag{10}$$

其中，n_0 和 n_d 为完整与实际边缘上的像素点，d_i 为第 i 点边缘与完整边缘的距离。表 5-2 分别为图 5-6、图 5-7 和图 5-8 在四种算法下得到的优质系数值。表 5-3 为四种算法所消耗的时间结果。

表 5-2　不同测试图像在不同算法下的 P_r

	A算法	B算法	C算法	本算法
图 5-6	0.8612	0.8931	0.9143	0.9765
图 5-7	0.6834	0.7267	0.7562	0.9358

续　表

	A 算法	B 算法	C 算法	本算法
图 5-8	0.2151	0.3262	0.5810	0.8466

表5-3　不同算法消耗的时间（单位：s）

	A 算法	B 算法	C 算法	本算法
图 5-6	0.21262	0.3613	0.5864	0.3412
图 5-7	0.2215	0.3620	0.5894	0.3485
图 5-8	0.2286	0.3714	0.5932	0.3523

根据表 5-2 可得，在相同条件下，本算法得到的 P_z 在四种算法中最大，并且无噪声图像得到的值大于低噪声图像和高噪声图像，噪声密度越大，得到结果的 P_z 越小，说明提取的边缘质量越差，本算法中随着噪声的变化得到的 P_z 改变较少，都保持了较高的 P_z 值，说明其抗噪性较好。表 5-3 为四种算法时间消耗对比结果，本算法所消耗的比 B 算法和 C 算法低，稍微高于 A 算法。综合考虑，本算法具有较高的优质系数的同时花费的时间成本也较低。

5.3　虚拟桌面的安全机制

云计算虚拟化对于如今的生活具有重要意义，它不仅有效提升了数据中心基础资源的使用率，还为传统 IDC（Internet Data Center）的商业模式带来了巨大的改变。随着全球云计算规模的扩大、用户数的增加，云中数据的价值也越来越受到黑客的"关注"，而作为云计算中的核心实现技术，虚拟化也面临着众多的安全威胁，因此，在云计算推广和普及的同时，有必要对云安全技术进行研究，引入更强大的安全措施。

5.3.1　KVM 虚拟化的安全威胁

虚拟化是云计算的核心技术，也是区别于传统计算模式的重要特征。通过对物理资源的虚拟化，不但利用率得到提升，还使资源具有动态性，可以根据用户需求分配，为用户提供弹性的计算资源。但是，虚拟化带来众多性能优势的同时也产生了更多的安全问题，传统的安全防护手段已经不能满足云计算的需求，云计算虚拟化安全已经成为云服务提供商和安全厂商关注的焦点。

KVM 虚拟化环境中面临的主要安全威胁如下：

（1）虚拟机之间流量不可控

在 KVM 虚拟化环境中，每台物理机上都承载着多台虚拟机，虚拟机之间通过 KVM 虚拟化平台提供的虚拟交换机（vSwitch）通信，例如 OpenStack 提供的 Open vSwitch。同一个 vSwitch 上的虚拟机可以相互通信，如果这些虚拟机不属于同一用户，则可能会造成数据泄露或相互攻击。并且传统的防护手段位于物理主机的边缘，如果一台物理机中的多台虚拟机发生通信，这部分流程将无法被外部安全设备监控和保护。

（2）虚拟机之间共享资源竞争与冲突

在虚拟化环境中，由于多台虚拟机共享同一物理机资源，所以会造成资源竞争。如果不能通过正确配置限制单一虚拟机的可用资源，则可能造成个别虚拟机的恶意资源占用，从而导致其他虚拟机拒绝服务。另一方面，如果同一物理机上的虚拟机同时进行病毒扫描等大量占用物理资源的动作，当物理机资源耗尽时就会造成宕机，导致虚拟机业务中断。

（3）云平台对虚拟机的控制

由于虚拟机完全受到云平台的控制，况且通常同一个云平台中管理着单个节点中的所有虚拟机，所以云平台自身的安全就显得十分重要，如果云平台组件遭到篡改或者病毒感染，轻则云服务的运营受到影响，重则导致用户数据泄露，虚拟机资源被非法用户控制。

（4）云数据安全存在风险

首先，大量用户数据集中存储，容易吸引黑客大规模攻击；其次，多租户共享存储资源，且用户数据和系统数据共存，无法对重要数据进行特殊处理，如果对不同用户的存储数据隔离不当，则会存在数据泄露风险；最后，虚拟机数据大多以明文存储，如果一旦遭到入侵，由于虚拟机之间的流量不可控制且缺乏流量行为审计，黑客可以轻易将数据转到其他虚拟机或外部服务器，用户很难发现数据被盗。

（5）云计算管理权限问题

由于在传统的 IDC 机房中，用户直接租用服务器或者机柜，服务器权限大多由用户自己管理，而管理员大多只负责机房网络环境、物理机状态维护等。在云计算虚拟化环境中，用户失去了对物理机的控制，而管理员则拥有更高权限，极有可能因为管理员故意或无意的操作导致用户服务的终止，甚至数据丢失。

5.3.2　KVM 虚拟化的安全技术架构

为了解决 KVM 虚拟化安全问题，其中虚拟化层和虚拟机的安全问题是整个安全技术框架中需要解决的。当前 KVM 已经被 RHEL、CentOS 等作为内核集成至 Linux 操作系统中，KVM 的虚拟化功能是由 Linux 中的 QEMU 和 KVM 模块共同实现的。KVM 模块负责调用宿主机硬件资源，包括 CPU、内存、存储和网络等，为虚拟机提供资源分配。基于 KVM 的虚拟化安全技术框架如图 5-9 所示。

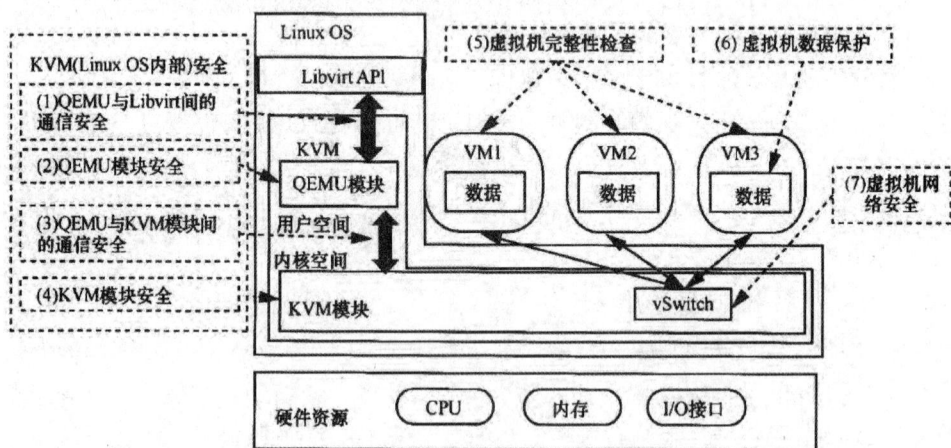

图 5-9　KVM 虚拟化安全技术架构图

（1）QEMU 与 Libvirt 间的通信安全

尽管 Libvirt 是 Linux 操作系统中管理 Hypervisor 层的重要 API，但是如果操作系统中存在漏洞，则可能导致 KVM/QEMU 与 Libvirt 间的通信被窃听甚至被拦截。及时更新操作系统补丁或者在 Linux 操作系统内部信道部署加密算法，这样就可以保证 KVM 与 Libvirt 间的通信安全。

（2）QEMU 模块的安全性

QEMU 作为重要的虚拟化模块，如果存在漏洞被黑客利用，很可能直接导致所有虚拟机实例被控制。不但用户数据会被泄露，这些虚拟机还可能被黑客利用作为攻击工具，那么将会对云服务提供商造成极大的影响。所以 QEMU 模块的安全补丁应当定期及时更新。

（3）QEMU 与 KVM 模块间的通信安全

位于用户空间内的 QEMU 模块与位于内核空间内的 KVM 模块共同协作完成所有的虚拟化操作。黑客可能通过内部信道的漏洞干扰 KVM 模块的正常运行。所以，增加两模块间的安全通道或安全机制是非常有必要的。

（4）KVM 模块安全

若 KVM 模块出现漏洞，黑客就能够直接调用 CPU、内存或网络等主机上的物理资源，这将会影响整个云服务的正常运行。所以应该考虑为 KVM 模块增加安全机制。

（5）虚拟机完整性检查

如果虚拟机操作系统文件被篡改，不但无法保证虚拟机内的数据安全，还可能被黑客获取操作系统权限沦为"肉机"，攻击其他虚拟机或外部服务器，对云服务提供商造成极大影响。所以有必要通过定期检查系统文件散列值等方式保证虚拟机系统文件的完整性。

（6）虚拟机数据保护

利用 Linux 自有安全机制 SELinux 中的虚拟化实例 sVirt，其为虚拟机提供的沙箱机制可以隔离不同的应用，防止各种应用间相互访问导致的数据泄露情况出现，也可以考虑增加应用间访问控制机制，或者对虚拟机数据进行全部或选择性加密。

（7）虚拟机网络安全

为了保护虚拟机不被外部服务器、其他虚拟机攻击或者病毒入侵，我们需要在服务器内部部署或将单独虚拟机作为可动态分配资源的虚拟化防火墙，通过流量重定向或流量复制等手段将发送到目标虚拟机的流量转发或复制到所属虚拟化防火墙进行流量分析，从而保证进入虚拟机流量的安全性。

5.3.3 KVM 虚拟化常见安全防范措施

在桌面虚拟化中，用户可以通过云终端或者网络中智能设备，在任何地点，任何时间访问个人桌面，那么在此过程中，系统的安全性和稳定性也变得尤为重要。

（1）镜像文件加密

随着网络与计算机技术的发展，数据的一致性和完整性在信息安全中变得越来越重要，对数据进行加密处理对数据的一致性和完整性都有较好的保障。有一种类型的攻击叫作"离线攻击"，如果攻击者在系统关机状态下可以物理接触到磁盘或者其他存储介质，就属于"离线攻击"的一种表现形式。另外，在企业内部，不同岗位的人有不同的职责和权限，系统处于启动状态时的使用者是 A，而系统关机后，会存放在另外的位置，B 可以获得该系统的物理硬件。如果没有保护措施，那么 B 就可以轻易地越权获得系统中的内容。如果有良好的加密保护，就可以防止这样的攻击或者内部数据泄露事件的发生。

在 KVM 虚拟化环境中，存放虚拟机镜像的存储设备（如磁盘、U 盘等）可以对整个设备进行加密，如果其分区是 LVM，也可以对某个分区进行加密。而对于虚拟机镜像文件本身，也可以进行加密的处理。"qemu-img convert"命令在"-o encryption"参数的支持下，可以将未加密或者已经加密的镜像文件转化为加密的 qcow2 的文件格式。例如，先创建一个 8GB 大小的 qcow2 格式镜像文件，然后用命令将其加密，命令行操作如下图 5-10 所示。

图 5-10　虚拟机镜像文件加密操作

生成的 1.qcow2 文件就是已经加密的文件，查看其信息如下图所示，从图 5-11 中可以看到"encrypted：yes"的标志。

图 5-11　查看加密镜像文件信息

在使用加密的 qcow2 格式的镜像文件启动虚拟机时，虚拟机会先不启动而暂停，需要在 QEMU monitor 中输入"cont"或者"c"命令以便继续执行，然后会出现输入已加密 qcow2 镜像文件的密码，只有密码正确才可以正常启动虚拟机。

当然，在执行"qemu-img create"创建镜像文件时就可以将其创建为加密的

qcow2 文件格式，但是不能交互式地指定密码，命令行如下图 5-12 所示。

```
root@038b7ee:~# qemu-img create -f qcow2 -o backing_file=rhel-6.4.img,encryption encrypted.qcow2
Formatting 'encrypted.qcow2', fmt=qcow2 size=53687091200 backing_file='rhel-6.4.img' encryption=on cluster_size=65536 lazy_refcounts=off
```

图 5-12　创建加密的镜像文件

这样创建的 qcow2 文件处于加密状态，但是其密码为空，在使用过程中提示输入密码时，直接按回车键即可。对于在创建时已设置为加密状态的 qcow2 文件，仍然需要用上面介绍过的 "qemu-img convert" 命令转换一次，这样才能设置为自己所需的非空密码。

（2）远程管理的安全

在 KVM 虚拟化环境中，可以通过 VNC 的方式远程访问虚拟机，那么为了虚拟化管理的安全性，可以为 VNC 连接设置密码，并且可以设置 VNC 连接的 TLS、X.509 等安全认证方式。

如果使用 Libvirt 的应用程序接口来管理虚拟机，包括使用 virsh、virt-manager、virt-viewer 等工具，为了远程管理的安全性考虑，最好只允许管理工具使用 SSH 连接或者带有 TLS 加密验证的 TCP 套接字来连接到宿主机的 libvirt。

（3）用户的身份认证

在虚拟桌面的应用环境中，只要有访问权限，任何智能终端都可以访问云端的桌面环境。通常虚拟桌面客户端采取用户名和密码作为身份认证，但用户名和密码一旦泄露，对方可以在任何位置访问你的桌面系统并获取相关数据。在虚拟桌面环境下，为了保证虚拟桌面用户的安全，加入了更加严格的终端身份认证机制，通过 MAC 地址对允许访问云端的客户端进行范围限定，这种方式虽然牺牲了一定灵活性，但可以大幅提升客户端的可控性。

可以在不同的层次设置不同的管理员权限，让不同的管理员负责管理不同层次上软件管理功能，如操作系统有操作系统管理员，数据库有数据库管理员，应用系统有应用系统管理员。多级管理员划分使系统更加安全，原因是系统管理员只能看到其负责层次的软件管理内容，只要系统的管理制度严格按照层次进行划分，就能够保证系统不被越权访问。如 SQL Server 选择不是集成验证，而是独立验证时，SQL Server 所在的 Windows 2003 操作系统管理员是不能自动获得 SQL Server 的系统管理员权限的，也无法访问到 SQL Server 内的业务数据。

（4）虚拟存储的加密保护

虚拟桌面采用集中存储方式，用户的所有数据都存储于服务器端的存储设备中，一般会采用 NAS（NetworkAttachedStorage，网络接入存储）架构的存储系统，集群 NAS 是一种横向扩展（Scale-out）存储架构，具有容量和性能线性扩展的优势。

在虚拟桌面的环境中，采用专业的加密设备进行加密存储的方式。同时，在数据管理上考虑三权分立的措施，在系统管理员、数据外发审核员和数据所有人同时确认之后才允许信息的发送，来实现主动防止泄密。

可将不同的业务系统划分到不同的 VLAN 中，进行网络隔离，并设置网络访问控制，只开放安全组必要的访问端口。对于远程访问的端口（如 SSH，RDP 等）只允许特定 IP 访问，严格控制业务数据的直接访问。同时，用户可设置定期对业务系统的虚拟机和重要的存储卷进行快照，桌面云平台系统中虚拟机和存储卷需要分离备份，对业务数据进行备份，这项工作可安排在下班后或在夜间进行，对正常业务运行没有影响。VPN 是一种在外部客户端和高校内部网络之间建立安全的传输管道，让客户端能够以局域网用户的身份登录内部网络，安全使用内部各种协议和服务的技术。

（5）虚拟网络安全防护系统

绝大部分企业级用户都会为远程接入设备提供安全连接点，供在防火墙保护以外的设备远程接入，但是并非所有的智能终端都支持相应的 VPN 技术。智能手机等设备一般可采用专业安全厂商提供的定制化 VPN 方案。企业内部的终端和云端的通讯可以通过 SSL 协议进行传输加密，确保整体传输过程中的安全性。

用户可在 Internet 与桌面云平台系统中间部署硬件防火墙加强安全防护，如拒绝服务攻击、典型外网攻击等，只允许受控的 IP 访问管控服务器，将桌面云平台系统的管控服务器与节点集群所在网络分离，只开放管理端口，以保护云控制器不受网络攻击。

为了保护各个云平台中应用系统的网络安全，避免单一应用中毒或木马干扰其他应用，桌面云平台系统可自动将不同用户的应用系统自动隔离，即使同一用户也可以轻松创建自己的隔离网络让相同系统的不同角色（如数据库和中间件）也实现隔离。

为了避免服务器被黑客攻击，通过 ARP 嗅探网络数据，桌面云平台系统还在底层做到 MAC&IP 地址的自动绑定，这样在黑客修改虚拟机的 IP 或 MAC 地址时，桌面云平台系统的管理系统将自动断开此虚拟机与网络的连接，只能由运维管理员才能够进行恢复。

　　桌面云平台系统还可充分利用第三方的安全平台保护应用系统，将云管理平台的 API 接口开放安全应用。例如，配合防篡改软件，当防篡改软件发现应用服务器被攻破后，立即调用云平台的销毁 API 将虚拟机销毁，同时再调用云平台的创建接口，通过快照创建一个相同内容但密码、IP、MAC 完全不同的虚拟机。

　　在 KVM 宿主机中，为了网络安全的目的，可以使用 Linux 防火墙 ——iptables 工具。使用 iptables 工具（为 IPv4 协议）或者 ip6tables（为 IPv6 协议）可以创建、维护和检查 Linux 内核中 IP 数据报的过滤规则。

　　而对于虚拟机的网络，QEMU/KVM 提供了多种网络配置方式。例如：使用 NAT 方式让虚拟机获取网络，就可以对外界隐藏客户机内部网络的细节，对虚拟机网络的安全起到保护作用。不过，在默认情况下，NAT 方式的网络让客户机可以访问外部网络，而外部网络不能直接访问虚拟机。如果虚拟机中的服务需要被外部网络直接访问，就需要在宿主机中配置好 iptables 的端口映射规则，通过宿主机的某个端口映射到虚拟机的一个对应端口。

　　如果物理网卡设备比较充足，而且 CPU、芯片组、主板等都支持设备的直接分配技术，那么选择使用设备直接分配技术为每个虚拟机分配一个物理网卡也是一个非常不错的选择。因为在使用设备直接分配是使用网卡时，网卡工作效率非常高，而且各个虚拟机中的网卡是物理上完全隔离的，提高虚拟机的隔离性和安全性，即使一个虚拟机中网络流量很大也不会影响到其他虚拟机中网络的质量。

　　（6）服务器管控机制

　　桌面云端服务器的保护是最重要的部分，一旦服务器遭到破坏，整个虚拟架构就会破损，可以采用多种方法进行虚拟桌面服务器的保护。

　　首先需要在虚拟机内和虚拟机外建立完善的权限和访问控制体系，在服务器的前端负载均衡器上部署高性能的安全控制组件，在防火墙的后端搭建可以进行有效身份认证及授权的安全网关。

　　服务器端架构通常会采用横向扩展的方式。一方面通过增强冗余提升系统的高可用性；另一方面可以根据用户数量逐步增加计算能力。在大并发的使用环境下，系统前端会使用负载均衡器，将用户的连接请求发送给当前仍有剩余计算能力的服务器处理。

　　（7）完善的日志记录

　　建立完善的管理员和用户日志记录与审核体系，使得管理员的行为和用户的行为都有详细的审计记录，从而保证每个用户的行为有据可查。审计人员在数据中心核查终端用户的状态，对终端用户的行为进行检测和评判，可以保证终端虚拟桌面的用户在进行非法活动或者恶意活动之前对其进行控制，从而保证了整个虚拟桌面网络的安全性。

第六章　桌面云 I/O 虚拟化解决方案设计

　　桌面虚拟化解决方案的核心在于"集中计算，分布处理"的思想，即其服务端利用服务器虚拟化技术构建虚拟化桌面资源池，将客户端运算集中交由数据中心处理，桌面用户利用瘦客户端，也称之为桌面虚拟化解决方案的显示前端，接入资源池获取桌面，显示前端只负责输入输出与界面显示而不参与任何计算。本小节基于 KVM 虚拟化框架，使用 SPICE 传输协议，借助于 Libvirt 工具来作为桌面云服务端的解决方案。该桌面虚拟化的解决方案的总体架构包含三个部分：

　　（1）部署于移动终端、支持协议的客户端，完成桌面显示与处理用户操作；

　　（2）基于 Libvirt 与 KVM 的云端资源池管理系统，负责接受和处理前端用户的接入请求，并且对虚拟化资源池进行资源监控和管理；

　　（3）基于 Libvirt 与 KVM 实现的、通过 SPICE 桌面虚拟化框架实现虚拟桌面交付的资源池，是虚拟桌面的实际运行环境。

　　桌面虚拟化解决方案借助于桌面虚拟化框架实现虚拟桌面交付，完成基于 KVM 的桌面云服务端软件架构设计与实现，主要工作集中在虚拟化资源池的构建以及云端资源池管理系统的实现两个方面。桌面虚拟化解决方案的总体框架如图 6-1 所示。

　　基于 KVM 的桌面虚拟化系统主要由三部分组成，分别是虚拟桌面服务器端，虚拟桌面资源池以及终端用户桌面端，桌面虚拟化架构中各组成模块的逻辑关系如图 6-2 所示。

　　其中，虚拟桌面服务器端模块包括 GuestAgent，HostAgent（Libvirt），KVM 以及 SPICE 服务端等模块；虚拟桌面资源池的管理包括服务器管理，虚拟机管理，云终端管理，用户管理以及数据库管理等模块；云终端上模块包括 SPICE 客户端以及各种配置等模块。

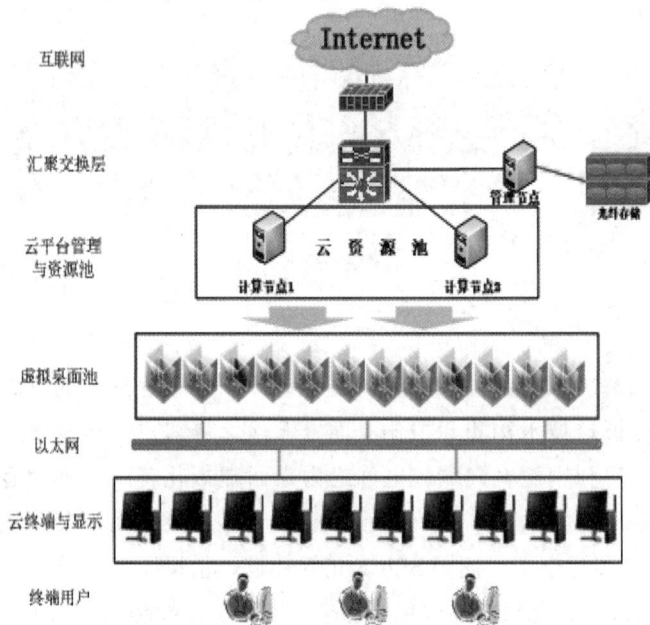

图 6-1　桌面虚拟化解决方案的总体框架

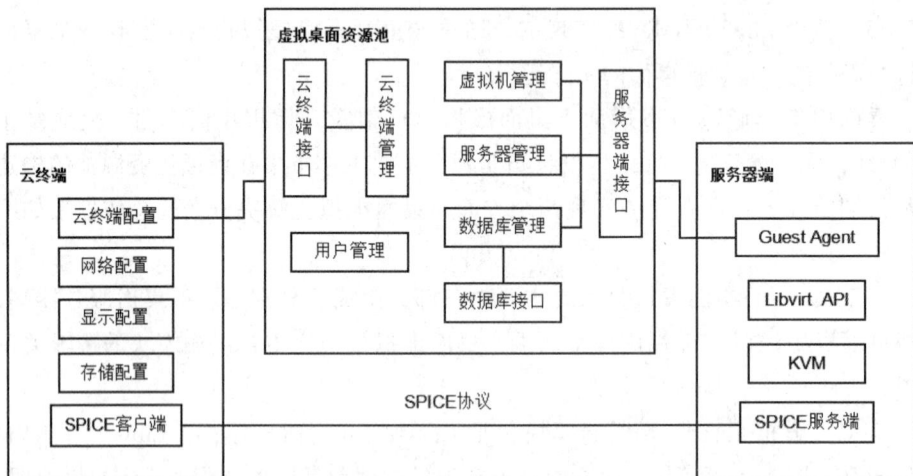

图 6-2　基于 KVM 的桌面虚拟化系统的三部分

虚拟桌面资源池是云终端和服务器端之间的一座桥梁，它把云终端和服务器端以及服务器端上的虚拟机连接在一起。云终端从虚拟桌面资源池中获取到用户的虚拟桌面，然后调用自身的 SPICE 客户端连接到服务器端提供的 SPICE 服务端进行通讯；虚拟桌面资源池给服务器端提供接口来管理其上的虚拟机以及服务器上其他相关的资源。

另外，在资源调度与分配方面，虚拟资源分配的主要目标是降低能耗和虚拟机的迁移代价，提高服务器的资源利用率及管理效率等，虚拟资源的合理分配，可以减少浪费，获取最佳的效益。云计算随时随地、按需、便捷地使用共享资源的计算模式与云环境的复杂性、多样性、异构性和动态性等特征，使得人们在使用时需要考虑较多的因素，从而增加了资源分配与调度的难度，同时人们也认识到，在复杂的云环境下，虚拟机的放置问题是一个 NP-hard 问题。虚拟机放置问题的研究，在工业界同样广受关注。

虚拟机放置就是在满足用户需求的前提下，为虚拟机选择合适的宿主机，使得资源利用率和效益最大化。根据虚拟机实例化时间长短分为：初始化和运行态放置，初始化放置即在实例化虚拟机时，根据虚拟机占用的资源选择合适的宿主机；运行态放置即运行中的虚拟机无法继续运行在宿主机，需要重新选择新的宿主机，也就是所谓的虚拟机迁移，此时需要将对应虚拟机的运行数据、磁盘数据、相关信息等用有效的机制进行移动。

从主机资源角度出发，主要是以提高主机的可扩展性和可靠性为目标。在降低能耗方面，减少服务器的运行比例，可以将虚拟机整合到尽量少的服务器上；为了降低网络能耗，减小核心层网络的压力，可以将通信代价高的虚拟机整合到同一服务器上。在最小化虚拟机迁移代价方面，考虑虚拟机初始化和运行态两个阶段，使虚拟机找到最佳的存放节点，从而减少迁移代价。

不同的放置目标就会有不同的放置策略，需要从不同的角度利用不同的资源分配算法。

6.1　虚拟机内存管理策略

内存虚拟化的本质就是通过虚拟机管理程序去管理服务器硬件上的物理内存，由于服务器的物理内存一般配置比较大，在实际使用上一般会将虚拟化后的内存资源分配给多个虚拟机使用。对于每个虚拟机所使用的内存空间相互独立，并且在客户机与服务器的物理内存地址之间通过虚拟机管理程序维护映射关系。但是对于客户机的操作系统而言，认为其所拥有的物理内存地址是从零开始的连续内存空间。因此虚拟机管理程序就必须能将虚拟机线性地址到物理地址的转换替换为虚拟机线性地址到宿主机物理地址的转化。为了完成客户机的操作系统的虚拟地址到机器地址的转化。虚拟机管理程序一般采用两种方式：直接模式和影子模式。

（1）直接模式

直接模式表示客户机的操作系统可以直接在自己的页表中访问机器内存，在页表中保存的地址为机器的物理地址。但是根据虚拟机的隔离原则，客户机操作系统不能直接使用机器物理地址。客户机操作系统就要在 M2P（Machine to Phys）表和 P2M（Phys to Machine）表的帮助下完成虚拟机物理地址和机器物理地址之间的转换，如图 6-3 所示。

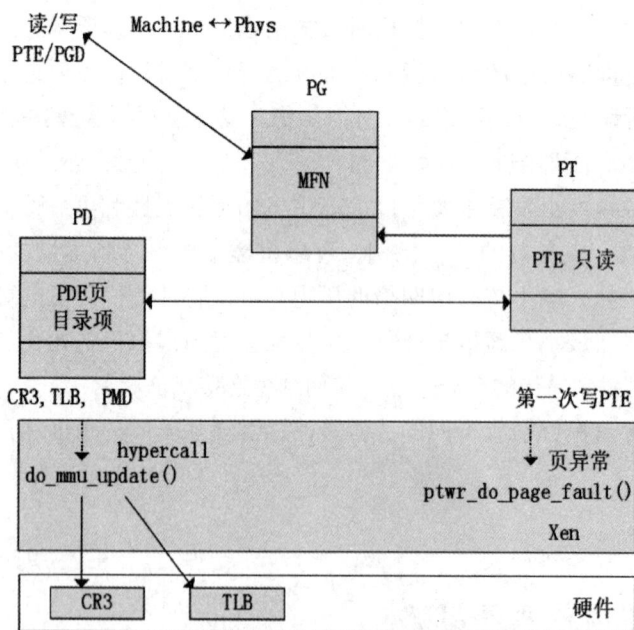

图 6-3　直接模式

（2）影子模式

当全虚拟化时，虚拟机管理系统程序不能改动客户机操作系统的页表。为了支持和保存虚拟机线性地址到物理地址的转化，Xen 就启用了另一张页表，就是影子页表。虚拟机管理系统程序要为每个虚拟化后的操作系统建立和管理影子页表。虚拟机管理系统程序负责完成物理地址和机器物理地址的转换，并且保持两种页表的同步。运行虚拟机时，在物理服务器主机的页表基地址寄存器（CR3）被虚拟机管理系统程序放入影子页表中指向最高级影子页表的指针，并且影子页表会随着虚拟机页表的更新而更新。在虚拟机进行页表操作时，VMM（Virtual Machine Monitor）虚拟机监视程序会让客户机操作系统更新其页表，然后根据映射关系，用机器地址更新影子页表项，以实现内存访问。

影子页表使用 P2MTable 和 M2PTable 存储虚拟机物理地址与机器物理地址的对应关系。在主控表中存储所有虚拟机合用的地址对应信息。同时虚拟机管理程序还维护着一张以非最低级虚拟机页表项中的物理地址和页表类型作为哈希值的哈希表，通过该哈希表就能查找到相应影子页表项中的机器物理地址。其转化方法如图 6-4 所示。

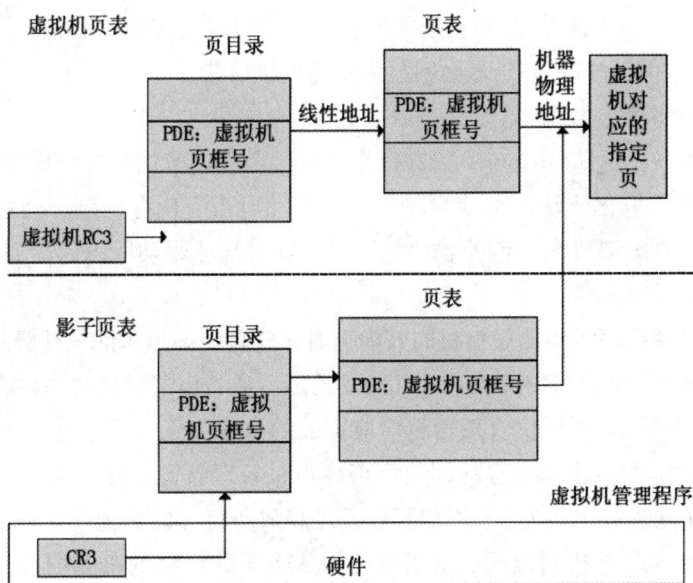

图 6-4　影子模式下的虚拟机页表对应关系

6.1.1 虚拟机内存调整机制

虚拟机基本的内存管理技术就是调整虚拟机实际占用内存大小，也是动态内存管理技术的基础。

（1）虚拟机内存换页

虚拟机内存换页技术是指当物理主机内存紧张时，会将虚拟机的部分内存页面换到专门在硬盘为每个虚拟机开辟的换页空间。类似于传统操作系统的虚拟内存技术。这种技术完全运行于虚拟机管理层，属于完全虚拟化。虚拟机管理程序内存换页技术是一种最直接的机制，可以将某个虚拟机的所有内存换出到硬盘上。但是其主要问题有：

1）虚拟机管理程序不了解虚拟机内的应用程序使用情况，可能导致虚拟机管理程序与虚拟机操作系统自身的换页策略冲突，影响虚拟机性能。

2）已经被虚拟机管理程序换出到硬盘的页面，由于前一问题可能出现连续的在内存和磁盘间换页，引起页面颠簸问题。

3）当虚拟机访问被换出到硬盘的页面时，虚拟机会先被挂起，直到所需页面从硬盘换回到内存。这种高延迟会明显影响虚拟机性能。

（2）气球驱动技术

气球驱动最早由 Waldspurger[22] 提出，现已广泛地应用于主流虚拟化产品中。气球驱动是半虚拟化驱动的形式，除去气球驱动所占有内存，剩下为虚拟机实际拥有内存。所以虚拟机内存监控软件就可以通过对气球驱动所占内存大小的改变，来调整虚拟机可用内存。

虚拟机管理程序需要从虚拟机回收内存时，安装在虚拟机的气球驱动就会"膨胀"，即向操作系统申请物理内存，气球驱动随后会将申请到的物理内存页地址通知给虚拟机管理器，虚拟机管理器将对应页面的 P2M 映射解除，归入可分配空闲内存池，从而实现了物理内存的回收。当虚拟机管理器需要给虚拟机分配更多内存时，气球驱动进行"收缩"，即向操作系统释放所持有的物理内存资源。虚拟机管理器从空闲内存池找到气球驱动通知要释放页面的足够的机器内存，并为其建立 P2M 映射。

气球驱动很巧妙地利用了虚拟机操作系统自身的内存管理机制。虚拟机可用物理内存紧张时，操作系统可以使用自身的内存管理算法，而不是由虚拟机管理程序来决定。从而保证了虚拟机的性能。但是气球驱动依赖于虚拟机操作系统，其物理内存伸缩范围也受制于初始物理内存大小，所以气球驱动虽然简单灵活，但是也存在伸缩范围不足的情况。

（3）内存页共享机制

如果有技术可以通过扫描内存页来识别和共享虚拟机间内容相同的页面，那么虚拟机内存重复页面越多时，节省内存空间越多。

内存页共享机制，建立虚拟机 I/O 模型时分别建立共享和打破共享两部分。建立共享时，通过对每个虚拟机的页面计算哈希值，建立哈希表，为哈希值相同的页面建立共享，即映射到同一个只读的内存页，将重复页删除。然后周期性执行该过程，直到共享的内存页面需要修改时就打破共享，为该共享内存页新建页面，并恢复新页的写权限。

6.1.2　虚拟机内存信息管理策略

可以根据是否由一个虚拟机监视器 Hypervisor 来创建一台或多台虚拟机，来将服务器集群分为单虚拟机集群和多虚拟机集群。可以定义为：由一台或多台相连的物理计算机所组成的，由同一个虚拟机监视器所创建的一台或多台虚拟机环境叫作单虚拟机集群；由多个单虚拟机集群所组成的虚拟机集群环境，各单虚拟机集群所使用的虚拟机监视器可以不同，叫作多虚拟机集群。

由于在云环境下包含有多个单虚拟机集群，所以必须建立全局性的内存信息管理服务器，以便能够掌握和操作全局数据。其中每个单虚拟机集群中的内存信息管理由其中的虚拟机管理域 Domain 0 来负责，每个 Domain 0 与全局内存信息管理交互数据，内存管理的体系结构如图 6-5 所示，其中 Domain U 表示虚拟机。

可对多虚拟机集群环境下的所有的虚拟机内存信息的监测和统计采用双层的内存信息管理。

（1）第一层内存信息的管理结构

第一层内存信息的管理主要是由单虚拟机集群中的内存监测模块来完成。主要承担两个功能：一是采用周期性的轮询监测方法获得集群中的所有虚拟机（包括虚拟机管理域 Domain 0）的内存利用信息，主要包括了虚拟机可分配最大内存、虚拟机可分配最小内存、虚拟机实际内存大小、虚拟机闲置内存大小和在虚拟机中运行中的所有应用的内存利用信息等内存信息；二是通过宿主机操作系统获得宿主机物理内存的大小和宿主机闲置物理内存的大小，以供内存状态决策使用。第一层内存信息管理结构示意图如图 6-6 所示。

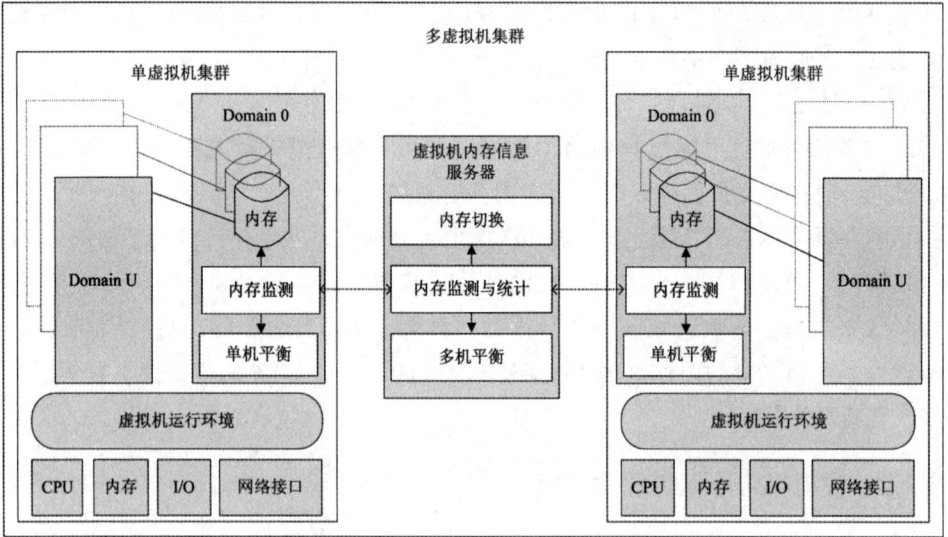

图 6-5　内存信息管理的体系结构图

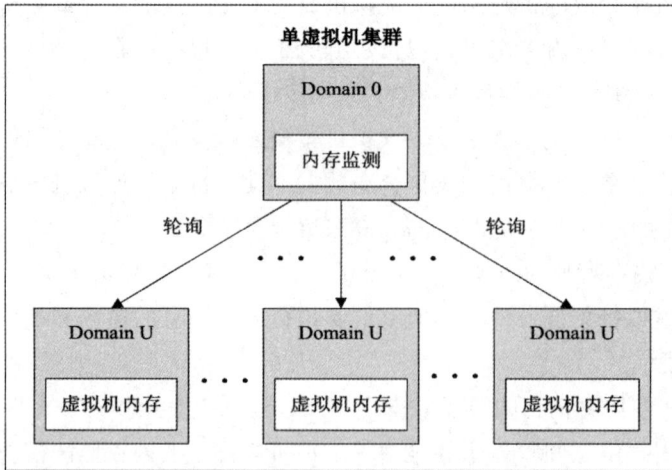

图 6-6　第一层内存信息管理结构示意图

（2）第二层内存信息的管理结构

为实现对多虚拟机集群环境下所有的单虚拟机集群的内存利用信息的监测和统计，设置虚拟机内存信息服务器，负责对多虚拟机集群中所有的虚拟机的内存利用信息进行统计，统计信息的方式也是采用轮询方式。统计的信息除了包括第一层内存信息管理获得的数据外，还需要获得每个虚拟机到虚拟机内存信息服务器的"距离"然后将同属于一个单虚拟机集群的所有虚拟机到虚拟机内存信息服务器的"距离"看作是相等的。这里的"距离"在模型中指的是从虚拟机内存信息服务器向单虚拟机集群发出内存信息获得命令到收到单虚拟机集群返回的相关内存信息的时间。在同等条件下，虚拟机内存信息服务器优先选择距离近的虚拟机参与内存平衡。第二层内存信息管理结构示意图如图6-7所示。

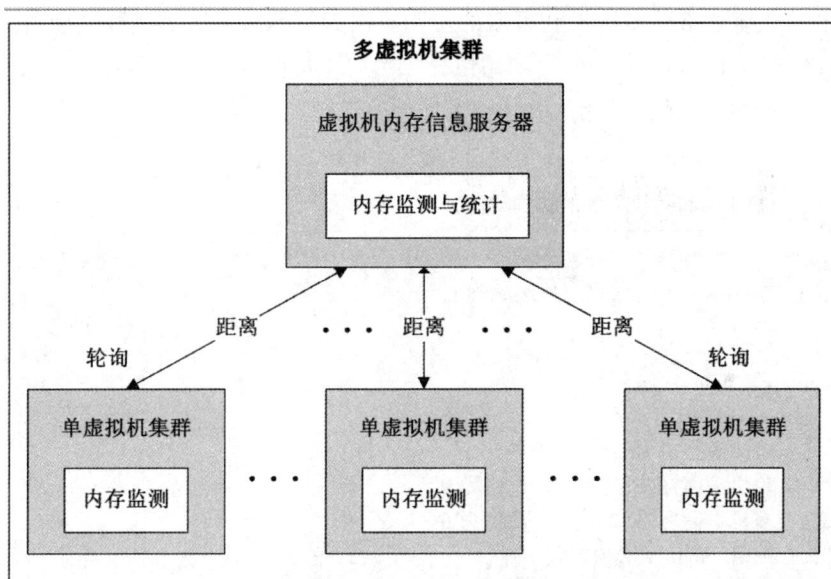

图6-7 第二层内存信息管理结构示意图

6.1.3 虚拟机内存平衡策略

虚拟机内存平衡策略可分为单机平衡策略和多机平衡策略，能够在不同的条件下进行虚拟机内存的动态调整。

在单虚拟机集群中的物理内存能够满足所有其管理的虚拟机的内存需求的情况下，虚拟机集群自身内存平衡策略成为单机平衡策略；当某单虚拟机集群中的物理内存不能够满足所有其管理的虚拟机的内存需求的情况下，多个单虚拟机集群之间的内存平衡策略，称为多机平衡策略。

单机平衡策略和多机平衡策略有着不同的使用环境。单机平衡策略是根据本单虚拟机集群中的虚拟机的内存利用信息进行相互之间的内存平衡，即只需要知道自身集群的内存使用信息，而不需要知道其余的单虚拟机集群的内存利用信息，此过程不需要虚拟机内存信息服务器的参与；与此不同，多机平衡策略不仅仅需要知道本单虚拟机集群中的内存利用信息，而且需要知道多虚拟机集群环境下的其余单虚拟机集群的内存利用信息，此过程需要虚拟机内存信息服务器的参与，起到一个中心控制器的作用。同时，多机平衡策略需要依赖单机平衡策略收集的单虚拟机集群中的虚拟机内存利用信息。

  单机平衡策略和多机平衡策略的协同算法如下算法 1 所示。算法会首先检查虚拟机管理域 Domain 0 的内存利用情况，然后再根据内存状态和其持续的时间来决定启动那种内存平衡策略。算法将周期性的运行。

算法 1：单机平衡和多机平衡的协同算法：

  输入：单虚拟机集群的内存初始状态 state（0 代表内存紧缺状态，1 代表内存充裕状态），算法执行周期 cycle，内存状态持续时间 t

  输出：无

```
Cooperate（state，cycle，t）{
    while（true）{
        检测虚拟机 Domain 0 的内存；
        单机平衡标志位 flag1，设值为 0；
        多机平衡标志位 flag2，设值为 0；
        if（Domain 0 缺少内存）{}
            回收 Domain U 内存给 Domain 0 利用；
        }
        update state；
        if（state==0&& 持续时间大于等于 t）{ // 内存处于紧缺状态
            多机平衡标志位设值为 1，多机调节策略启动；
        }else if（state==1&& 持续时间大于等于 t）{} // 内存处于充裕状态
            单机平衡标志位设值为 1，单机调节策略启动；
        }else{
            flag1 和 flag2 恢复原有状态
        }
        sleep（cycle）；
    }
}
```

从以上协同算法可以看出，由于虚拟机管理域 Domain 0 负责虚拟机的创建、监测和管理等，它比 Domian U 拥有更高的优先级，所以在单虚拟机集群中需优先满足 Domain 0 的内存需要。同时在单虚拟机集群环境中同一时刻只能有一种调节策略启动。为了防止算法运行过程中内存状态的变化，在判断需要启动那种调节策略时，需要获得最新的内存状态。

6.2 虚拟机动态迁移

系统的迁移是指把源主机上的操作系统和应用程序移动到目的主机，并且能够在目的主机上正常运行。在没有虚拟机的时代，物理机之间的迁移依靠的是系统备份和恢复技术。在源主机上实时备份操作系统和应用程序的状态，然后把存储介质连接到目标主机上，最后在目标主机上恢复系统。随着虚拟机技术的发展，系统的迁移更加灵活和多样化。

虚拟机迁移技术为服务器虚拟化提供了便捷的方法。而目前流行的虚拟化工具如 VMware，Xen，HyperV，KVM 都提供了各自的迁移组件。尽管商业的虚拟软件功能比较强大，但是开源虚拟机如 Linux 内核虚拟机 KVM 和 XEN 发展迅速，迁移技术日趋完善。虚拟机迁移有三种方式，分别是 P2V、V2V 和 V2P，不同的方式又存在许多不同的解决方案。而本节中是在 v2v 这种方式的基础上完成 KVM 虚拟机的迁移。

（1）迁移服务器资源的原因

迁移服务器可以为用户节省管理资金、维护费用和升级费用。以前的 x86 服务器，体积比较"庞大"；而现在的服务器，体积已经比以前小了许多，迁移技术使得用户可以用一台服务器来同时替代以前的许多台服务器，这样就节省了用户大量的机房空间。另外，虚拟机中的服务器有着统一的"虚拟硬件资源"，不像以前的服务器有着许多不同的硬件资源（如主板芯片组不同，网卡不同，硬盘，RAID卡，显卡不同）。迁移后的服务器，不仅可以在一个统一的界面中进行管理，而且通过某些虚拟机软件，如 VMware 提供的高可用性工具，在这些服务器因为各种故障停机时，可以自动切换到网络中另外相同的虚拟服务器中，从而达到不中断业务的目的。总之，迁移的优势在于简化系统维护管理，提高系统负载均衡，增强系统错误容忍度和优化系统电源管理。

（2）虚拟机迁移的性能指标

一个优秀的迁移工具，目标是最小化整体迁移的时间和停机时间，并且将迁移对于被迁移主机上运行服务的性能造成的影响降至最低。当然，这几个因素互相影响，实施者需要根据迁移针对的应用的需求在其中进行衡量，选用合适的工具软件。虚拟机迁移的性能指标包括以下三个方面：

整体迁移时间：从源主机开始迁移到迁移结束的时间。

停机时间：迁移过程中，源主机、目的主机同时不可用的时间。

对应用程序的性能影响：迁移对于被迁移主机上运行服务性能的影响程度。

6.2.1　虚拟机迁移的分类与原理

（1）物理机到虚拟机的迁移（Physical-to-Virtual）

P2V指迁移物理服务器上的操作系统及其上的应用软件和数据到VMM（Virtual Machine Monitor）管理的虚拟服务器中。这种迁移方式，主要是使用各种工具软件，把物理服务器上的系统状态和数据"镜像"迁移到VMM提供的虚拟机中，并且在虚拟机中"替换"物理服务器的存储硬件与网卡驱动程序。只要在虚拟服务器中安装好相应的驱动程序并且设置与原来服务器相同的地址（如TCP/IP地址等），在重启虚拟机服务器后，虚拟服务器即可以替代物理服务器进行工作，P2V的迁移方式有以下三种：

手动迁移：手动完成所有迁移操作，需要对物理机系统和虚拟机环境非常了解。迁移步骤中首先关闭原有的物理机上的服务和操作系统，并且从其他媒质上启动一个新的系统。比如从LiveCD上启动一个新的光盘系统。大部分的发行版都会带有LiveCD；之后把物理机系统的磁盘做成虚拟机镜像文件，如有多个磁盘则需要做多个镜像，并且拷贝镜像到虚拟主机上。然后为虚拟机创建虚拟设备，加载镜像文件；最后启动虚拟机，调整系统设置，并开启服务。

半自动化迁移：利用专业工具辅助P2V的迁移，把某些手动环节进行自动化。比如将物理机的磁盘数据转换成虚拟机格式，这一向是相当耗时的工作，你可以选择专业的工具来完成这个步骤。这里有大量的工具可以使用，如RedHat的开源工具virt-p2v，Microsoft Virtual Server Migration Toolkit等。

P2V热迁移：迁移中避免宕机。大部分P2V工具也有一个很大的限制，在整个迁移过程中，物理机不可用。在运行关键任务的环境或有SLA（服务水平协议）的地方，这种工具不可选。但是随着P2V技术的发展，VMware vCenter Converter

和 Microsoft Hyper-V 已经能够提供热迁移功能，避免宕机。目前，P2V 热迁移仅在 Windows 物理服务器可用，未来将添加对 Linux 的支持。

（2）虚拟机到虚拟机的迁移（Virtual-to-Virtual）

V2V 迁移是在虚拟机之间移动操作系统和数据，考虑宿主机级别的差异和处理不同的虚拟硬件。虚拟机从一个物理机上的 VMM 迁移到另一个物理机的 VMM，这两个 VMM 的类型可以相同，也可以不同。如 VMware 迁移到 KVM，KVM 迁移到 KVM。可以通过多种方式将虚拟机从一个 VM Host 系统移动到另一个 VM Host 系统。V2V 的迁移方式有以下三种：

V2V 离线迁移：离线迁移（offline migration）也叫作常规迁移、静态迁移。在迁移之前将虚拟机暂停，如果共享存储，则只拷贝系统状态至目的主机，最后在目的主机重建虚拟机状态，恢复执行。如果使用本地存储，则需要同时拷贝虚拟机镜像和状态到目的主机。到这种方式的迁移过程需要显示的停止虚拟机的运行。从用户角度看，有明确的一段服务不可用的时间。这种迁移方式简单易行，适用于对服务可用性要求不严格的场合。

V2V 在线迁移：在线迁移（online migration）又称为实时迁移（live migration），是指在保证虚拟机上服务正常运行的同时，虚拟机在不同的物理主机之间进行迁移，其逻辑步骤与离线迁移几乎完全一致。不同的是，为了保证迁移过程中虚拟机服务的可用，迁移过程仅有非常短暂的停机时间。迁移的前面阶段，服务在源主机运行，当迁移进行到一定阶段，目的主机已经具备了运行系统的必须资源，经过一个非常短暂的切换，源主机将控制权转移到目的主机，服务在目的主机上继续运行。对于服务本身而言，由于切换的时间非常短暂，用户感觉不到服务的中断，因而迁移过程对用户是透明的。在线迁移适用于对服务可用性要求很高的场景。

目前主流的在线迁移工具，如 VMware 的 VMotion，XEN 的 xenMotion，都要求物理机之间采用 SAN（storage area network），NAS（network-attached storage）之类的集中式共享外存设备，因而在迁移时只需要考虑操作系统内存执行状态的迁移，从而获得较好的迁移性能。

另外，在某些没有使用共享存储的场合，可以使用存储块在线迁移技术来实现 V2V 的虚拟机在线迁移。相比较基于共享存储的在线迁移，数据块在线迁移的需要同时迁移虚拟机磁盘镜像和系统内存状态，迁移性能上打了折扣。但是他使得在采用分散式本地存储的环境下，仍然能够利用迁移技术转移计算机环境，并且保证迁移过程中操作系统服务的可用性，扩展了虚拟机在线迁移的应用范围。V2V 在线迁移技术消除了软硬件相关性，是进行软硬件系统升级，维护等管理操作的有力工具。

V2V 内存迁移技术：对于 VM 的内存状态的迁移，XEN 和 KVM 都采用了主流的预拷贝（pre-copy）的策略。迁移开始之后，源主机 VM 仍在运行，目的主机 VM 尚未启动。迁移通过一个循环，将源主机 VM 的内存数据发送至目的主机 VM。循环第一轮发送所有内存页数据，接下来的每一轮循环发送上一轮预拷贝过程中被 VM 写过的脏页内存 dirty pages。直到时机成熟，预拷贝循环结束，进入停机拷贝阶段，源主机被挂起，不再有内存更新。最后一轮循环中的脏页被传输至目的主机 VM。预拷贝机制极大地减少了停机拷贝阶段需要传输的内存数据量，从而将停机时间大大缩小。

然而，对于更新速度非常快的内存部分，每次循环过程都会变脏，需要重复 pre-copy，同时也导致循环次数非常多，迁移的时间变长。针对这种情况，KVM 虚拟机建立了三个原则：集中原则，一个循环内的 dirty pages 小于等于 50；不扩散原则，一个循环内传的 dirty pages 少于新产生的；有限循环原则，循环次数必须少于 30。在实现上，就是采取了以下措施：

有限循环：循环次数和效果受到控制，对每轮 pre-copy 的效果进行计算，若 pre-copy 对于减少不一致内存数量的效果不显著，或者循环次数超过了上限，循环将中止，进入停机拷贝阶段。

在被迁移 VM 的内核设置一个内存访问的监控模块。在内存 pre-copy 过程中，VM 的一个进程在一个被调度运行的期间，被限制最多执行 40 次内存写操作。这个措施直接限制了 pre-copy 过程中内存变脏的速度，其代价是对 VM 上的进程运行进行了一定的限制。

KVM 在线迁移的详细步骤如下：

1）系统验证目标服务器的存储器和网络设置是否正确，并预保留目标服务器虚拟机的资源。

2）当虚拟机还在源服务器上运转时，第一个循环内将全部内存镜像复制到目标服务器上。在这个过程中，KVM 依然会监视内存的任何变化。

3）以后的循环中，检查上一个循环中内存是否发生了变化。假如发生了变化，那么 VMM 会将发生变化的内存页即 dirty pages 重新复制到目标服务器中，并覆盖掉先前的内存页。在这个阶段，VMM 依然会继续监视内存的变化情况。

4）VMM 会持续这样的内存复制循环。随着循环次数的增加，所需要复制的 dirty pages 就会明显减少，而复制所耗费的时间就会逐渐变短，那么内存就有可能没有足够的时间发生变化。最后，当源服务器与目标服务器之间的差异达到一定标准时，内存复制操作才会结束，同时暂停源系统。

5）在源系统和目标系统都停机的情况下，将最后一个循环的 dirty-pages 和源系统设备的工作状态复制到目标服务器。

6）然后，将存储从源系统上解锁，并锁定在目标系统上。启动目标服务器，并与存储资源和网络资源相连接。

（3）虚拟机到物理机的迁移（Virtual-to-Physical）

V2P 指把一个操作系统、应用程序和数据从一个虚拟机中迁移到物理机的主硬盘上，是 P2V 的逆操作。它可以同时迁移虚拟机系统到一台或多台物理机上。尽管虚拟化的基本需求是整合物理机到虚拟机中，但这并不是虚拟化的唯一的应用。比如有时虚拟机上的应用程序的问题需要在物理机上验证，以排除虚拟环境带来的影响。另外，配置新的工作站是件令 IT 管理者头痛的事情，但虚拟化的应用可以帮助他解决这个难题。先配置好虚拟机，然后运用硬盘克隆工具复制数据至工作站硬件，比如赛门铁克的 Save&Restore（Ghost）。不过这种克隆方法有两个局限：一个镜像只能运用在同种硬件配置的机器上；要想保存配置的修改，只能重做新的镜像。

V2P 的迁移可以通过确定目标的物理环境来手动完成，如把一个特定的硬盘加载到虚拟系统中，然后在虚拟环境中安装操作系统、应用程序和数据，最后手动修改系统配置和驱动程序。这是一个乏味且不确定的过程，特别是在新的环境比旧的环境包含更多大量不同的硬件的情况下。为了简化操作，我们可以利用专门的迁移工具以自动化的方式来完成部分或全部迁移工作。目前支持 V2P 转换的工具有 PlateSpin Migrate 和 EMC HomeBase。使用这样的工具使得 V2P 转换过程更简易，并且比使用第三方磁盘镜像工具更快捷。V2P 的不确定性导致自动化工具不多，目前主要有以下几种解决方案：

VMware 官方推荐的是使用 Ghost+sysprep 来实现半自动化的迁移。

基于备份和恢复操作系统的解决方案。这个方案利用了现成的系统备份恢复工具，没有体现虚拟机和物理机的差别，类似于 P2P（Physical-to-Physical 物理机到物理机迁移）。注意备份工具能够恢复系统到异构硬件平台上。

开源工具的解决方案。适合 Linux/Unix 系统，使用开源工具和脚本，手动迁移系统。这个方案难度较大，适合有经验的管理员。

6.2.3 KVM 虚拟机动态迁移配置

（1）KVM 虚拟机环境

源宿主机：Ubuntu14.04 操作系统，3.13.0–24–generic 内核。文中以"节点 1"表示，主机名 vm1，IP 地址为 192.168.1.103，NFS 挂载目录 /home/kvm。

目标宿主机：Ubuntu14.04 操作系统，3.13.0–24–generic 内核。文中以"节点 2"表示，主机名为 vm2，IP 地址为 192.168.1.106，NFS 挂载目录 /home/kvm。

NFS 服务器：Ubuntu14.04 操作系统，3.13.0–24–generic 内核。IP 地址为 192.168.1.105，服务目录为 /mnt/nfs/。

这里基于 Libvirt 动态迁移测试虚拟机，虚拟机的名称为 demo3，虚拟磁盘文件为 ubuntu.raw。

（2）动态迁移步骤

查看节点 1 上虚拟机状态，demo3 虚拟机处于运行状态（如果 demo3 未运行，将其启动运行），如图 6–8 所示。

图 6-8　节点 1 上 demo3 运行状态

查看节点 2 上虚拟机状态，无虚拟机运行，如图 6–9 所示。

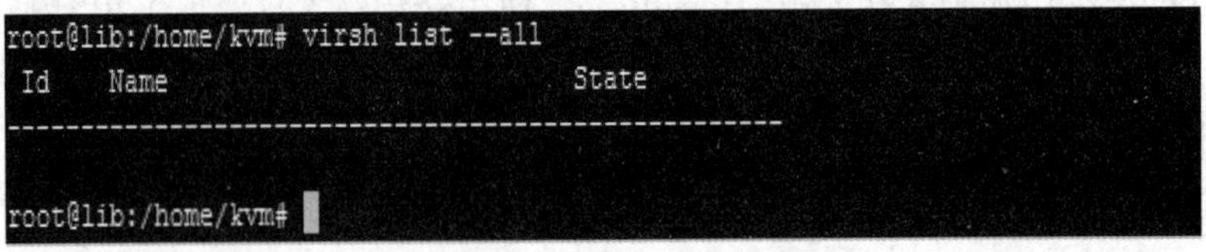

图 6-9　节点 2 上虚拟机运行状态

在节点 1 上执行"virsh migrate"迁移命令，如图 6–13 所示。从图中可以看出虚拟机 demo3 在迁移出去的过程中，状态有从"running"到"shut off"的一个改变。完整命令为"virsh migrate --live --verbose demo3 qemu+ssh://192.168.10.215/ system tcp://192.168.10. 215 --unsafe"，--verbose 指迁移 demo3 虚拟机，192.168.10.215 为节点 2 的 IP 地址，使用 tcp 协议连接，--unsafe 参数表示跳过安全检测，命令执行如图 6-10 所示。

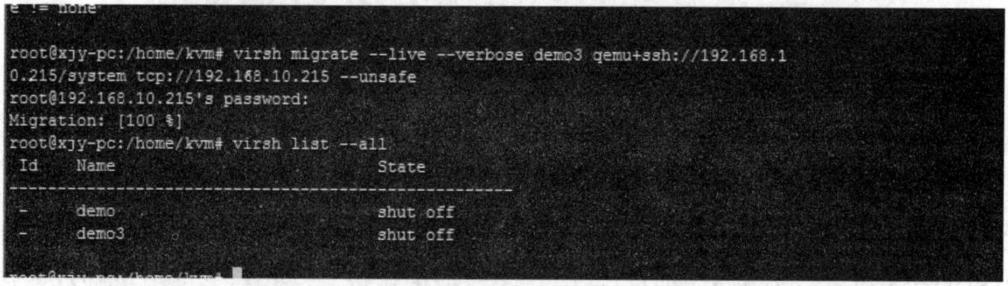

图 6-10　demo3 虚拟机从节点 1 上迁移出去

在节点 2 上，查看虚拟机 demo3 虚拟机状态，如图 6-11 所示。

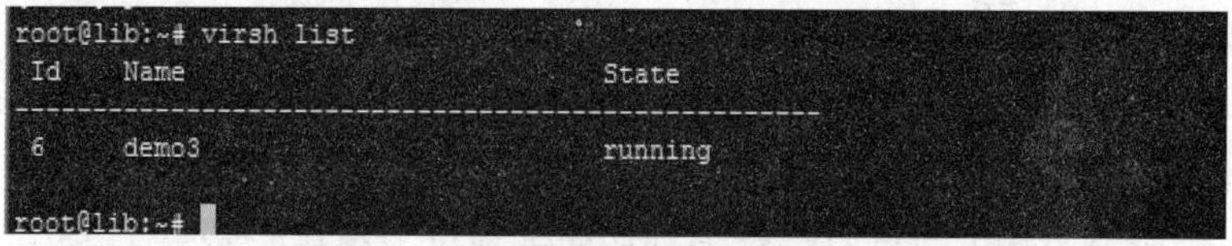

图 6-11　demo3 虚拟机在节点 2 上运行

在迁移过程中，可以通过另外一台客户机一直 ping 虚拟机 demo3，查看 demo3 迁移过程中的可连接性。实际上迁移过程除了偶尔有几个包的中断，基本上没有太大影响。

此时虽然 demo3 虚拟机已经在节点 2 上启动了，但是节点 2 上还没有 demo3 虚拟机的配置文件。这时需要创建配置文件并定义该虚拟机，可以通过迁移过来的虚拟机内存状态创建虚拟机配置文件，命令为"virsh dumpxml demo3 > /etc/ libvirt/qemu/demo3.xml"，然后通过 xml 配置文件定义虚拟机，命令为"virsh define /etc/libvirt/qemu/demo3.xml"，如图 6-12 所示。

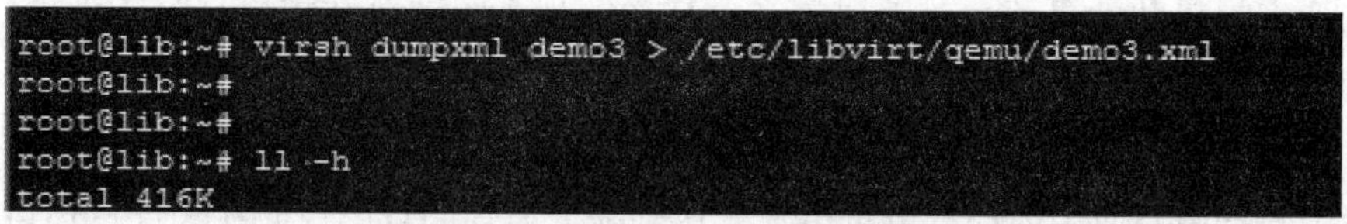

图 6-12　创建 demo3 虚拟机配置文件

145

使用命令“virsh console demo3”连接节点 2 上的 demo3 虚拟机，如图 6-13 所示。

```
root@lib:/etc/libvirt/qemu# virsh console demo3
Connected to domain demo3
Escape character is ^]
```

图 6-13　在节点 2 上连接 demo3 虚拟机

至此，虚拟机 demo3 动态迁移完成。

虽然动态迁移技术能够以一种对用户透明的方式，实现虚拟机在一个数据中心内部的各个计算节点之间的快速迁移，但是虚拟机迁移会在一定程度上降低虚拟机的运行性能，额外地增加数据中心的数据传输量，这些都是虚拟机迁移造成的不利影响[23]。在下文中，将虚拟机迁移带来的这些不利影响统称为虚拟机的迁移开销（Migration Cost，MC）。尽管单次虚拟机迁移的开销相对较小，但是由于云数据中心处理的任务范围较广、处理的任务数量波动较大，云数据中心在日常运行和维护过程中可能发生频繁的虚拟机迁移[24]，使得虚拟机迁移开销已经成为云数据中心的日常管理中一种越来越不容忽视的开销因素。

（3）动态迁移目标

在选择待迁移的虚拟机时，通常是按照虚拟机占用的资源、迁移次数等因素来选择待迁移的虚拟机，而忽略了迁移不同的虚拟机所造成的迁移开销是不同的这一关键问题，导致所提出的虚拟机整合算法虽然能在一定程度上降低云数据中心的能耗，但同时也造成了较高的迁移开销。此外，虚拟机的剩余执行时间也是影响迁移开销的一个重要因素。例如，迁移一个剩余执行时间较短的虚拟机仍然会带来相应的迁移开销，而该迁移开销对云数据中心造成的成本损失，可能远大于对其进行整合而节省能耗的收益。

虚拟化技术允许云供应商将其提供的各种服务封装成虚拟机的形式，当用户请求这些服务时，再把这些虚拟机映射到云数据中心的各个计算节点上。通过虚拟机动态迁移技术，云数据中心管理者还能够根据系统内运行负载的变化，动态地改变虚拟机和计算节点的映射关系，从而实现系统的负载均衡、容错管理以及节能减排等目标[25]。

虚拟机整合是通过对资源利用率较低的计算节点上运行的虚拟机进行整合，减少云数据中心使用的计算节点个数，达到降低能耗的目的。而在云计算环境下，虚拟机上运行的任务负载在执行过程中对资源的需求是随时间动态变化的。虚拟机整合可能会导致下述情况的发生：当计算节点上运行的虚拟机达到一定程度时，虚拟机对资源需求的变化会加剧资源的竞争，从而导致计算节点在运行过程中可能会出现过载的情况，即运行在某个计算节点上的虚拟机对资源的需求大于该计算节点提供的资源能力，这样的计算节点被称为热计算节点。此时，就需要通过虚拟机动态迁移技术，调整计算节点和虚拟机之间的映射关系来减少热计算节点上运行的虚拟机个数，避免破坏服务等级协议（SLA）。

　　虚拟机整合通常被抽象为 BP 问题进行求解，现有虚拟机整合研究在进行待迁移虚拟机的选择时，通常采用的虚拟机选择方法有以下几种：

　　（1）随机选择迁移（Random Selection Migration，RSM）[26]。RSM 方法是指从触发迁移的计算节点上运行的虚拟机中，随机地选择一个（或多个）待迁移的虚拟机，使得待迁移的 VM 从触发迁移的计算节点上迁出之后，该计算节点满足某种约束条件。

　　（2）基于资源的迁移（Resource-based Migration，RbM）[26-27]。RbM 方法是指根据虚拟机占用的资源大小来选择待迁移的虚拟机，该方法又可以细分为基于 CPU 的迁移（CPU-based Migration，CbM）、基于内存的迁移（Memory-based Migration，MbM）、以及混合迁移（Combined Migration，CoM）。其中，CbM 方法是指从触发迁移的计算节点上运行的虚拟机中，选择占用 CPU 资源最多（或最少）的虚拟机作为待迁移的虚拟机；同理，MbM 方法是按照虚拟机占用的内存大小进行选择，而 CoM 方式是按照虚拟机占用 CPU、内存两种资源能力之和进行选择。

　　（3）基于均衡迁移（Balance-based Migration，BbM）[28]。由于云数据中心资源的异构性，不同类型的虚拟机对不同资源的需求可能差别较大。这种使得计算节点提供的各种资源的利用率尽可能的保持一致的虚拟机迁移方法，即称为 BbM 方法；反之，使得计算节点提供的各种资源的利用率的差别尽可能大的虚拟机迁移方法，就是基于失衡的迁移（Imbalance-based Migration，IbM）方法。

　　（4）最少次数迁移（Minimization of Migrations，MoM）[29]。该方法是指从触发迁移的计算节点上运行的虚拟机中，选择最少个数的虚拟机，使得这些被选择的虚拟机从触发迁移的计算节点上迁出之后，该计算节点满足某种约束条件。该方法也是目前虚拟机整合研究中通常采用的、能够尽可能降低虚拟机迁移影响的待迁移虚拟机选择方法。

　　（5）最少迁移时间（Minimum Migration Time，MMT）[30]。当云数据中心的某

个计算节点触发迁移操作时，MMT 方法从该计算节点上运行的虚拟机中选择所需迁移时间最小的那一个虚拟机作为待迁移的虚拟机。

（6）最大相关性迁移（Maximum Correlation Migration，MCM）[30-31]。该方法是基本以下思想而提出来的：运行在同一个计算节点上的两个虚拟机，如果这两个虚拟机的资源利用率相关性越高，则该计算节点发生过载的可能性就越大。因此，MCM 方法是从触发迁移的计算节点上运行的虚拟机中，选择与运行在该计算节点上的其他虚拟机的 CPU 利用率相关性最高的虚拟机作为待迁移的虚拟机。

（7）最高潜在增长迁移（Maximum Potential Growth Migration，MPGM）。CPU 利用率的潜在增长指的是某个 VM 当前使用的 CPU 能力与该 VM 在创建时设定的 CPU 能力的差值。MPGM 方法是从触发迁移的计算节点上运行的虚拟机中，选择 CPU 利用率潜在增长最大的那个虚拟机作为待迁移的虚拟机 [32]。

6.2.4　动态迁移主要任务

动态迁移是在源虚拟机不停机且 QoS 能够保证的前提下，将源虚拟机的操作系统和数据迁移到目标服务器上，总的来说迁移的主要内容有：内存、磁盘、网络和设备状态。

（1）内存的迁移

内存迁移非常复杂，因为在迁移的过程中，虚拟机上的应用不会停止，也就是说内存数据会处于不断变化中，每一次内存数据的改写意味着一次内存数据的迭代传输，而迭代的过程必然增加迁移的总时间，所以动态迁移总是在迁移总时间和停机时间之间做着平衡。

内存的迁移过程一般有三个阶段：

PUSH 阶段：该阶段中，源服务器首先将全部内存页传递给目的端服务器，但是在传输过程中，内存页的数据会被持续被修改，接着源物理机会将迭代传输时被改动的内存数据传输给目的物理机，直至满足迭代条件停止。

STOP-and-COPY 阶段：该阶段中，源主机暂停，源物理机将最后一轮迭代中被弄脏的内存数据和 CPU、I/O 等设备状态数据传输给目的物理机。

PULL 阶段：目的主机在最小系统下运行，当运行到某应用程序时，可能会缺失部分数据，这时目的主机会以缺页中断的形式向源主机索取缺失的数据。

常见的内存迁移方法一般包含以上三个阶段中的一个或多个，例如只有

STOP-and-COPY 阶段，则是静态迁移方法，只有 PUSH 阶段和 STOP-and-COPY 阶段则属于预迁移方法，只有 STOP-and-COPY 阶段和 PULL 阶段则属于后迁移方法。当然也有完全不包括上述三个阶段的迁移方法，如 CR/TR-Motion 方法。

（2）磁盘的迁移

磁盘数据的特点是数据量特别大，且存储介质多种多样，在局域网内，一般不进行磁盘数据的迁移，而是采用共享存储技术，如 NFS 等。在 NFS 共享存储中，源和目的虚拟机共享 NFS Server 的磁盘空间，在进行迁移时就不用再进行磁盘数据的迁移了，只需要传输少量的配置文件信息。但是对于非局域网环境，存储的迁移就是一个难点了，Travostiono F[33]等提出了一种 "VM Tumtablede Monstrator" 的技术，使得对于磁盘数据的迁移不再只局限于局域网环境，在 Travostiono F 的实验中，在非局域网环境下，尽管数据量增大了 1000 倍以上，但是停机时间只增长了 5 到 10 倍。

（3）网络的迁移

网络迁移是为了保证在迁移后虚拟机的网络连接情况不会改变，具体的迁移数据有网络协议及 IP 等。对于局域网中的迁移，我们常用 ARP 重定向数据包，将源和目的虚拟机的 IP 地址进行绑定，这样就避免了网络数据的传输，并且能在对用户透明的前提下实现网络数据资源的迁移。

但是网络结构并不总是一成不变的，对于非局域网的网络资源的迁移是比较困难的，对此，Hidenobu 等在文献 [34] 中提出了一种 IP Mobility 技术，也叫作全局动态 IP 迁移技术，这种技术可以在非局域网环境下进行网络数据的迁移，并且可以控制停机时间在 1s 以内。

（4）设备状态的迁移

设备状态的迁移非常重要，例如 CPU 状态、网络状态、图形处理器的状态等，它们保证了虚拟机在迁移后能够保持原来状态，但是它们的数据量通常都比较小，不管是在局域网环境还是在非局域网环境，传输这些数据占用的资源都比较小，传输时间也非常短。

6.2.5　动态迁移的主要流程

假设迁移的源和目的服务器分别为 A 和 B，将 S 上的虚拟机迁移到 B 上，其主要流程如图 6-14 所示。

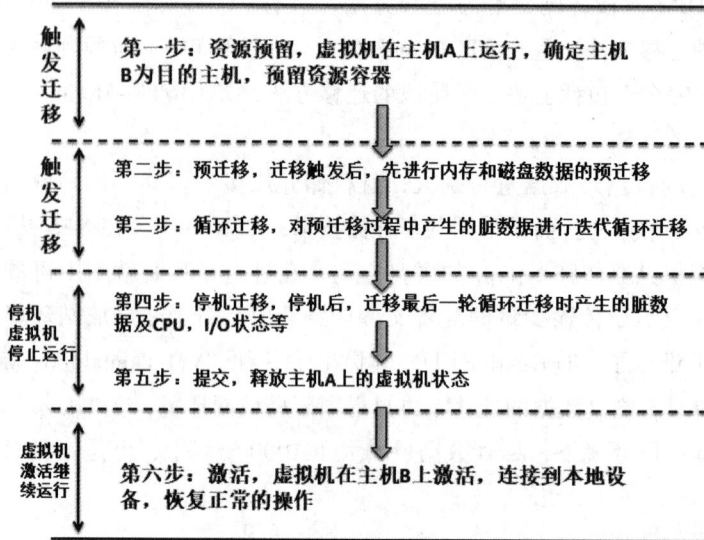

图 6-14 动态迁移流程

步骤一：资源预留。源虚拟机在 A 上继续运行，选定待迁移的 B 主机，也就是从可选择的物理机集合中选择出 B，判断 B 上的资源是否充足，并在 B 上为待迁移的虚拟机预留资源容器，若满足资源要求，则从源主机 A 上选择出待迁移的虚拟机，当触发条件成熟时，触发迁移。否则继续选择其他目的主机。

步骤二：预迁移。当触发条件满足时开始迁移，首先需要迁移的是内存和磁盘数据。

步骤三：迭代迁移。在步骤二预迁移的过程中因为虚拟机没有停机，内存数据不断变脏，所以需要重复迭代传输脏页数据。

步骤四：停机迁移。迭代的最后一轮脏页数据在这个阶段传输，同时还需要传输 CPU、I/O 等状态信息

步骤五：提交。注释掉 A 上的源虚拟机。

步骤六：激活。让迁移到 B 上的虚拟机开始工作。

6.3 网络资源虚拟化

6.3.1 基于 Docker 的网络功能虚拟化

（1）Docker 容器架构

Docker 容器技术的实现依赖于 Linux Container 的一些核心技术，通过 Cgroups 和 Namespace 等技术实现资源和环境的隔离。其组件架构图如图 6-15 所示。

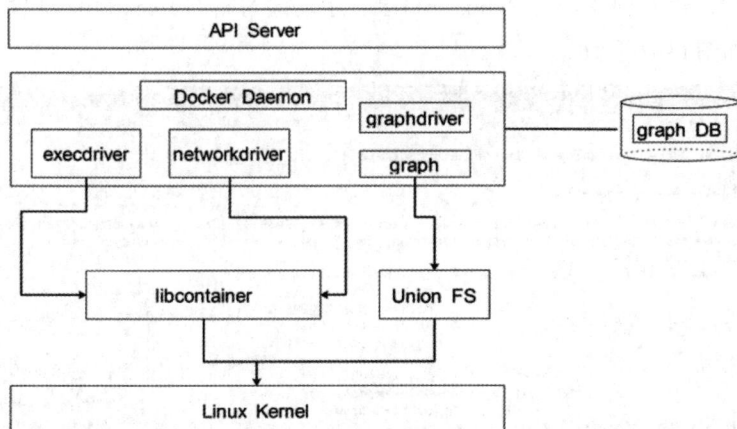

图 6-15 Docker 组件架构图

Docker 容器主要由五个重要组件构成：Docker 客户端、Docker 守护进程、Docker 底层驱动程序、Docker 镜像文件和镜像仓库。

Docker 客户端用于向 Docker 守护进程发送容器操作请求。

Docker 守护进程作为 Docker 容器功能中的核心部分，可以接受来自上层 Docker 客户端的请求，然后交由 Docker 实际的引擎 Engine 来进行处理，根据请求内容的不同，可以以此开放不同类别的处理器进行处理。

底层驱动程序按照实际功能类型区分可以分为执行驱动、网络驱动和镜像驱动。其将上层传递来的格式化命令转译为统一的操作系统级函数调用，从而由底层处理器完成对容器的创建和管理。

151

Docker 镜像是一个只读文件，它是 Docker 如何运行的主要参考，每一个镜像都在不同的时间由各种配置层相互叠加而成。如果有新的需求到达，需要配置和修改相应的文件，则在原有的 Docker 镜像文件上进行操作配置层的叠加即可生成新的镜像文件。

Docker 仓库是用来保存镜像文件的代码仓库，可以分为公有仓库 Docker Hub 和各类私有仓库。

（2）部署 Docker 容器及虚拟网络功能

在虚拟网络功能的部署上，选择 Nginx 这一业内常用的负载均衡软件作为 VNF 来部署在 Docker 容器中。

第一步，在根目录下需要创建 Nginx 目录，用来存放相关配置文件；

第二步，进入创建好的 Nginx 子目录，手动编写新的 Dockerfile 文件，其配置文件效果如图 6-16 所示。

```
nfv@ubuntu: ~/nginx
FROM Ubuntu:14.04

MAINTAINER NGINX Docker Maintainers "docker-maint@nginx.com"

ENV NGINX_VERSION 1.10.1-1~jessie

RUN apt-key adv --keyserver hkp://pgp.mit.edu:80 --recv-keys 573BFD6B3D8FBC641079A6ABABF5BD827BD9BF62 \
        && echo "deb http://nginx.org/packages/debian/ jessie nginx" >> /etc/apt/sources.list \
        && apt-get update \
        && apt-get install --no-install-recommends --no-install-suggests -y \
                                            ca-certificates \
                                            nginx=${NGINX_VERSION} \
                                            nginx-module-xslt \
                                            nginx-module-geoip \
                                            nginx-module-image-filter \
                                            nginx-module-perl \
                                            nginx-module-njs \
                                            gettext-base \
        && rm -rf /var/lib/apt/lists/*

# forward request and error logs to docker log collector
RUN ln -sf /dev/stdout /var/log/nginx/access.log \
        && ln -sf /dev/stderr /var/log/nginx/error.log

EXPOSE 80 443

CMD ["nginx", "-g", "daemon off;"]
```

图 6-16　创建新的 Nginx Dockerfile

第三步，通过已经创建好的 Dockerfile 来创建一个镜像文件；

第四步，利用已有的包含 Nginx 功能的镜像文件创建容器，其创建方式如图 6-17 所示。

其中，-p 80:80，表示在物理宿主机的 80 端口和新创建的 Docker 容器的 80 端口之间构建映射；

--name NFV_Nginx：表示将新创建的容器命名为 NFV_Nginx；

–v $PWD/docker:/docker：表示将主机中当前目录下的 docker 目录挂载到新创建的 NFV_Nginx 容器下的 /docker 文件目录下；

–v $PWD/conf/nginx.conf:/etc/nginx/nginx.conf：表示将主机中当前目录下的 nginx.conf 挂载到容器的 /etc/nginx/nginx.conf；

–v $PWD/log:/nfv_logs：表示将主机中当前目录下的 log 挂载到容器的 /nfv_logs 目录下。

图 6-17　启动 Docker

至此，一个运行着 Nginx 负载均衡器的 Docker 容器即已创建完成。创建完成后运行启动命令成功，运行相关命令查看可以看到运行着 Nginx 网络功能的容器进程已经开始启动，启动结果如图 6-18 所示。

图 6-18　查看 Docker 启动效果

（3）优化 Docker 网络连接

当在一台物理服务器上部署多个 Docker 容器构建服务功能链时，需要合理规划容器间的网络连接，才能使 Docker 容器的性能得到最大化的利用。

Docker 容器默认的网络通信一般分为五种模式，分别为 bridge 模式、host 模式、none 模式、其他容器模式以及用户自定义模式。其中 bridge 模式是为容器新建立一个独立的 Namespace，该容器具有独立的网卡以及独立的网络协议栈，通过与宿主机端口绑定来实现与宿主机通信，通过系统下自带的 Linuxbridge 实现容器间的通信；host 模式是直接使用物理宿主机的 Namespace，这种模式下宿主机的 IP 地址即为容器的 IP 地址，容器可以将网卡挂载到宿主机的物理网卡上；none 模式可以为容器创建一个新的独立 Namespace，但是并不做任何配置，容器只有 I/O 进程，无法与宿主机或者其他容器进行网络通信；其他容器模式可以是的多个容器共享一个 Namespace，这些具有共享 Namespace 的 Docker 容器之间不具有网络隔离性，但他们与宿主机之间网络仍然具有隔离性；用户定义网络模式可以使用任何 Docker 支持的第三方网络驱动来对容器的网络进行定制。

部署于 Docker 容器中的虚拟网络功能有可能是通过单独的应用对外提供服务的，也可能是与部署于其他容器中的虚拟网络功能连接，构建服务功能链来共同对外提供服务。当 Docker 部署在运行着 Linux 操作系统的通用服务器上，其默认的网络连接方式是通过 Linuxbridge。传统创建容器网络的时候，当一台 NFV 服务器需要部署多个 Docker 容器来构造服务功能链时，最简单的网络架构连接方式如图 6-19 所示，可以使用一个网桥将所有的容器连接在一起，容器之间通过这个网桥进行通信。

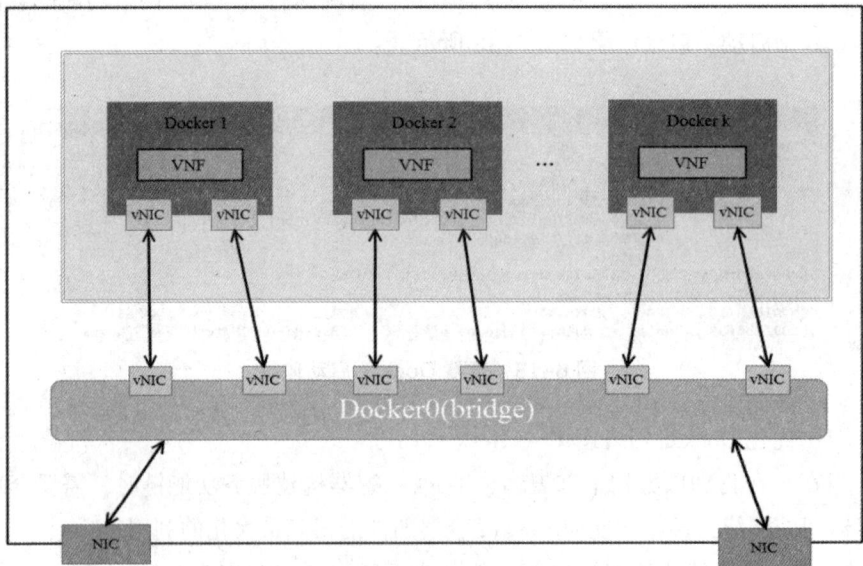

图 6-19　使用一个 Linux bridge 来构建网络

当需要容器或者虚拟机运行在网络功能虚拟化场景下时，需要满足 NFV 数据包高速的需求。而 Linuxbridge 在接收到来自物理网卡的数据包后，需要向 Docker

容器进行数据包的转发时，会涉及大量的用户态内核态上下文切换和数据包的拷贝，这造成了极大的性能损耗。根据第三章的对比结果，我们可以看到 DPDK–OVS 和 NetMap 两种软件交换机效果较好，而 DPDK–OVS 构建网络时，使用虚拟 I/O 接口针对虚拟机而言更加合适，所以我们选用 NetMapVALE 软件交换机来实现数据平面，构建 Docker 容器网络。

同时，在每个 Docker 容器之间，如果仅仅是采用一个 Linuxbridge 来进行数据包的转发，那么如果根据上层需要，部署在宿主机内的容器数目需要进行增加，就需要对进入到用户空间，对这个 Linuxbridge 进行端口的增加和对 MAC 地址 – 端口映射表的修改。当映射表内容过多时，会造成查询访问效率下降，从而导致转发性能下降。为此，我们针对这一情况提出了改进方案。为了提高 Docker 容器间数据包的转发性能，可以在服务器允许的情况下，在每两个 Docker 容器之间创建一个 Linuxbridge，这个 Linuxbridge 只负责二者之间的数据包转发。当需要新建容器时，在与其向邻的 Docker 容器之间再新建一个 Linuxbridge 并设定相关转发规则即可。

因此，在构建宿主机内部的 Docker 容器网络时，采用了如图 6-20 所示的方法。

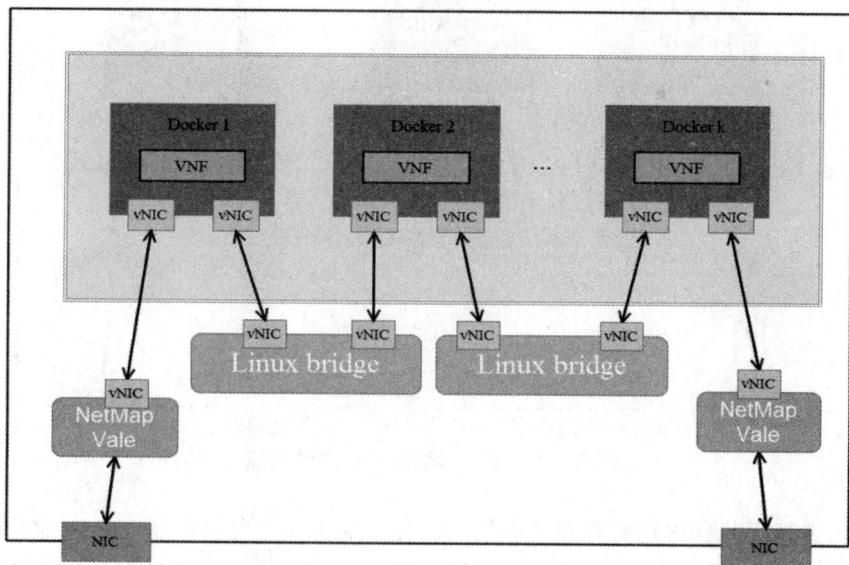

图 6-20　改进后的容器网络

优化后的容器网络设计可以有效地提高了具有通信关系的容器两两之间的数

据包拷贝效率问题，解决了因为服务功能链过长带来的查询端口效率低下带来的性能问题。但该方案仍然具有瓶颈，原因在于容器间的通信关系并非固定，由于容器具有简单易部署的优点，其新建容器和删除容器动作十分频繁，当单服务器内网络规模较大时，这给网桥管理带来了极大的不便。

为有效改善这以瓶颈，这里提出使用共享内存的字符设备来实现容器间网络数据包转发，这样既解决了多网桥的管理复杂问题，也避免了在网桥中数据包的频繁拷贝问题。我们在每一条服务功能链上使用一个共享内存的字符设备来作为一个缓冲池，当服务功能链上的第一个虚拟网络功能从 NetMap 数据面接收到网络数据包后，将这个数据包写入整个功能链共用的缓冲池中，后续的容器直接使用接收到的缓冲池地址即可对查询到数据包并对其进行操作。容器间通信采用进程间通信方法，使用环境队列传递消息，通过传递包缓冲区的偏移地址来进行数据包的传递。优化后的容器网络设计如图 6-21 所示。

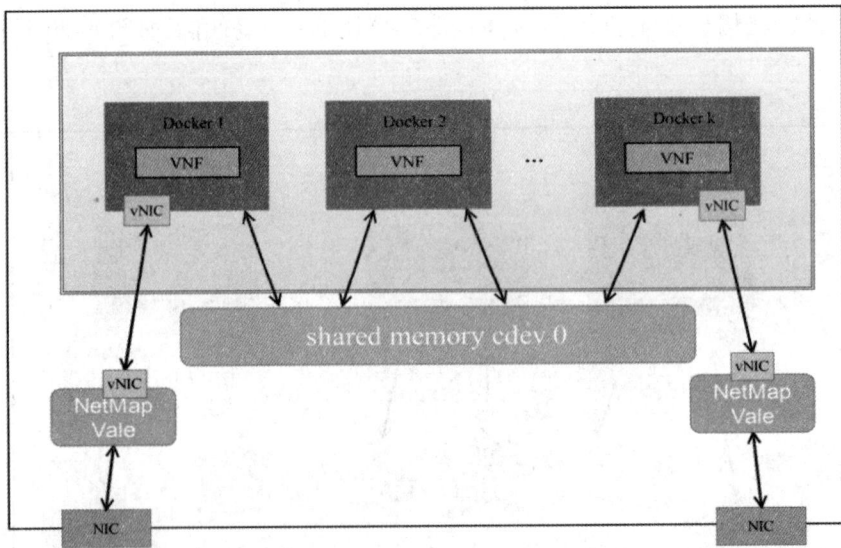

图 6-21　使用共享内存的容器网络

实现基于共享内存的容器间通信，首先要实现一个字符设备，再申请一块内存区域，并将其视作一个字符设备以供数据包保存。在实现过程中，关键的步骤是实现 mmap（）函数，使字符设备中的内存地址可以和容器进程中的虚拟地址互相映射。其实现关键步骤如图 6-22 所示。

```
1  static int chardev_mmp()(struct file *filp, struct vm_area_struct *vma)
2  {
3      unsigned long size = vma -> vm_end - vma -> vm_start;
4
5      /*获取字符设备内存的页帧号*/
6      unsigned long pfn = __pa(dev_memaddr)>>PAGE_SHIFT;
7      ... ...
8      if(remap_pfn_range(vma, vma -> vm_start,
9                         pfn,    //设备物理地址帧号
10                        size,   //映射内存大小，字节为单位
11                        vma -> vm_page_prot)){
12                        return -EAGAIN;
13     }
14     vma -> vm_ops = &vm_ops;
15     vma -> vm_flags |= (VM_IO | (VM_DONETEXPAND | VM_DONETDUMP));
16     ... ...
17     return 0;
18 }
```

图 6-22　字符设备实现 mmap 函数主要过程

至此，基于 Docker 容器的网络功能虚拟化平台即已搭建完毕。

6.3.2　基于 KVM 的网络功能虚拟化

（1）KVM 部署架构

KVM 虚拟化技术常常用来部署在 X86 通用服务器上，被应用在 Linux 操作系统环境下将物理的宿主机拥有的实体物理资源进行抽象，向应用层用户提供多个虚拟的隔离环境来满足需求。在 KVM 的实际使用中，单个客户虚拟机表现为运行在宿主机中的常规 Linux 进程，统一由 Linux 操作系统内核中的进程调度程序来负责管理和维护。而在客户虚拟机中的每个虚拟 CPU 也被虚拟化为一个常规的 Linux进程，通过 QEMU 工具来与宿主机操作系统中的指令进行转换，完成操作指令的下达。其架构如图 6-23 所示。

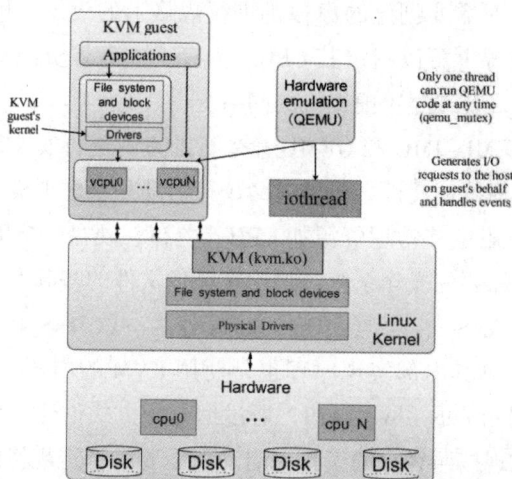

图 6-23　KVM 组件架构图

在 KVM 体系架构中，KVMguest 是客户机系统，可以部署独立与宿主机操作系统的操作系统，而底层的相关硬件资源如 CPU、内存、虚拟网卡以及其他设备驱动的资源，也会通过相应的技术手段完成从物理到虚拟的抽象，以提供给顶层的虚拟机来使用。虚拟机中部署的操作系统以及应用在底层宿主机操作系统中表现为 KVM 进程中的一个线程，完成指令间的转换和资源的隔离。

具体的物理资源向虚拟资源的抽象过程是由 KVM 内核模块来完成的，KVM 内核模块注意负责借助相应物理设备的支持，将计算、存储、网络等资源向上抽象，交由客户机中的模块完成使用。同时 KVM 内核模块还负责拦截来自客户虚拟机的 I/O 请求，交给 QEMU 模块完成指令转换。

QEMU 在开发设计之初并不是 KVM 原生的模块，它自身也可以实现一些虚拟化的功能。KVM 借助 QEMU 模块的帮助完成从客户虚拟机中的请求到宿主机中相关操作的调用，QEMU 在这个过程中将来自虚拟机的 I/O 请求解析，并提供设备的模拟化功能。故而从另一个角度来看，也可以认为 QEMU 使用了 KVM 的虚拟化组件来对自身的虚拟化功能进行性能加速处理。

（2）创建 KVM 虚拟机

为部署虚拟网络功能，首先需要使用 KVM 虚拟化方式来创建虚拟机。其中创建虚拟机有以下几种方法：

第一种是使用 virt-manager 工具。如果是图形化的 Linux 操作系统，可以选择使用 virt-manager 软件工具来进行 KVM 虚拟机的创建，使用 virt-manager 工具可以在图形化的界面下对需要创建的虚拟机进行规格上的设定，可以指定虚拟机的操作系统，在物理资源上可以指定其 CPU、内存、硬盘等资源大小，也可以通过其设置网卡连接方式，合理配置虚拟机的网络。

第二种是使用 QEMU-IMG 和 QEMU 命令行的方式进行安装，这种方式首先要创建一个 qcow2 格式的镜像文件，再通过命令行启动一个虚拟机，在启动的时候可以不同的命令行参数规定其物理资源如 CPU、内存、硬盘等资源的规格。将其挂到 cdrom 上，安装需要的操作系统，最后在镜像文件的基础上启动虚拟机即可。

第三种是使用 OpenStack 工具。OpenStack 作为一款 IaaS 平台，其可以方便快捷地创建虚拟机，并且其内部实现原理也是使用 KVM 的内核，所以在 OpenStack 工具内部，可以使用相关的 libvirt API，通过编程的方式创建虚拟机，也可以通过设置相应的模板，实现按照客户的编排来启动所需要的特定规格的虚拟机。

在创建好虚拟机后，通过 SSH 工具访问到虚拟机，即可完成虚拟网络功能的软件安装和配置，也可以制作包含相关网络功能软件的镜像文件，构建镜像仓库，以便后续使用。

如图 6-24 所示，在宿主机服务器上使用 virt-manager 工具来对 KVM 虚拟机进行创建，可以看到使用该图形化的工具可以方便地对享有的虚拟机进行资源的监视和管理。

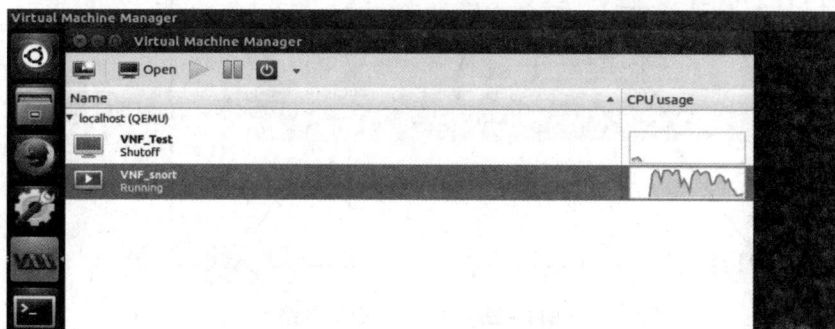

图 6-24　virt-manager 管理 KVM 虚拟机

（3）构建 KVM 虚拟机网络

KVM 虚拟化默认有三种网络连接方式：仅主机模式、地址转换模式和 Bridge 模式。

其中仅主机模式是将位于宿主机中所有的虚拟机组成一个内网，这个内网无法与外界连通，适用于安全性需求高的场景；NAT 方式是在 KVM 虚拟化技术使用中，模块默认的网络连接方式，可以完成宿主机和虚拟机实现互访，虚拟机也可以访问互联网，但是不支持外界直接对虚拟机进行访问；Bridge 方式即使用 Linuxbridge 构建虚拟网桥，使得虚拟机具有独立的 IP，虚拟机可以成为宿主机中具有独立网络的设备，虚拟机和宿主机将各自的网络设备挂在到网桥之上，设定网桥转发规则，虚拟机和宿主机网络互通，但是虚拟机不能够直接访问外部网络。

在宿主机中部署数据平面，如果使用默认的 LinuxBridge，将无法满足 NFV 中数据包高速转发的需求，在三种数据平面中，我们可以选用 DPDK-OVS 这一数据面，可以将 DPDK 部署在宿主机和虚拟机中，避免数据包进入内核态，然后使用 OpenvSwitch 作为虚拟交换机，OpenvSwitch 相对于传统的 Linuxbridge 来说性能有一些提高，并可以提供更加细粒度的流量控制。我们将宿主机的物理网卡和虚拟机的虚拟网卡连接到 OpenvSwitch 的相应端口上，在由远程的 SDNcontroller 来下发流表项，即可构建虚拟机网络。所构建的 KVM 虚拟机网络如图 6-25 所示。

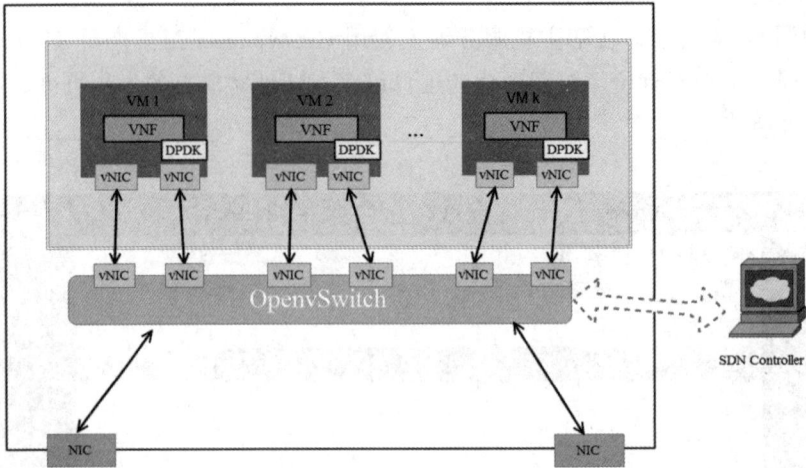

图 6-25　KVM 虚拟机网络

6.4　虚拟化资源池的构建

桌面虚拟化解决方案的基础是维护用户桌面环境的服务器端，服务器端是由多个物理机器节点构建而成的虚拟化资源池（Virtualized Resource Pool，VRP）。虚拟化资源池的构建以 KVM 虚拟化平台为基础，借助 SPICE 桌面虚拟化框架实施虚拟桌面交付。

6.4.1　基于 KVM 与 SPICE 的资源池架构设计

虚拟化资源池的单个资源节点组成模块如图 6-26 所示，包括物理服务器、虚拟桌面环境和应用程序等都被抽象为虚拟化资源池中的资源类型，各类资源处于管理系统的管理之中，通过 Communicate 模块完成与管理系统的通信，在资源池中启动的 libvirtd 守护进程采用 SSH 通信协议接受管理层的控制指令。资源池不直接使用 QEMU 来管理虚拟资源，而是通过 libvirt 及相应驱动程序实现对 QEMU 虚拟设备控制，完成对各类资源的启动、调度与整合。底层的物理服务器集群通过 QEMU 虚拟化框架为各类型虚拟资源形成虚拟资源池，每一个桌面环境使用

一个独立的 QEMU 虚拟机进程，终端的 SPICEClient 端可以通过作为 VDI 后端的
SPICEServer 与 QEMU 中的虚拟设备直接进行交互。

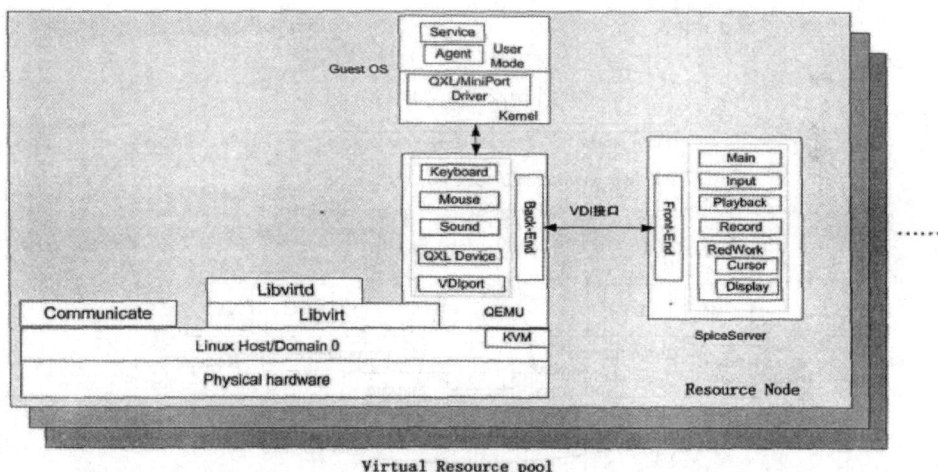

图 6-26　资源池单节点构成

　　各个资源节点之间以无中心节点的对等网络结构（P2P）方式来构成资源池，
采用单层树形结构来组织资源节点形成 P2P 网络。

　　虚拟化资源池的实现采用了集中管理与非中心化相结合的方式，各个资源节
点以单层树状组织为基础通过 P2P 方式构建资源池，一方面资源池中各个节点之
间是无中心化的对等组织，但是资源池必须选举出一个主资源节点，该节点负责
收集和维护资源池的虚拟资源信息以及各个虚拟机运行时信息，并且与管理系统
完成通信。

6.4.2　主资源节点的选取算法

　　完整的虚拟化资源池是多个物理资源节点构建而成的机器集群，并且通过
网络 VLAN 技术管理资源节点，虚拟化资源池构成及节点间通信方式如图 6-27
所示。

　　资源节点采用向 VLAN 交换机登记 MAC 地址的方式来实现节点加入 VLAN
网络和完成资源节点之间通信的逻辑网络支持。各个资源节点以自身 IP 地址作
为 ID，选择 VRP 中 IP 最高的资源节点作为主资源节点，选举算法的详细流程
如下：

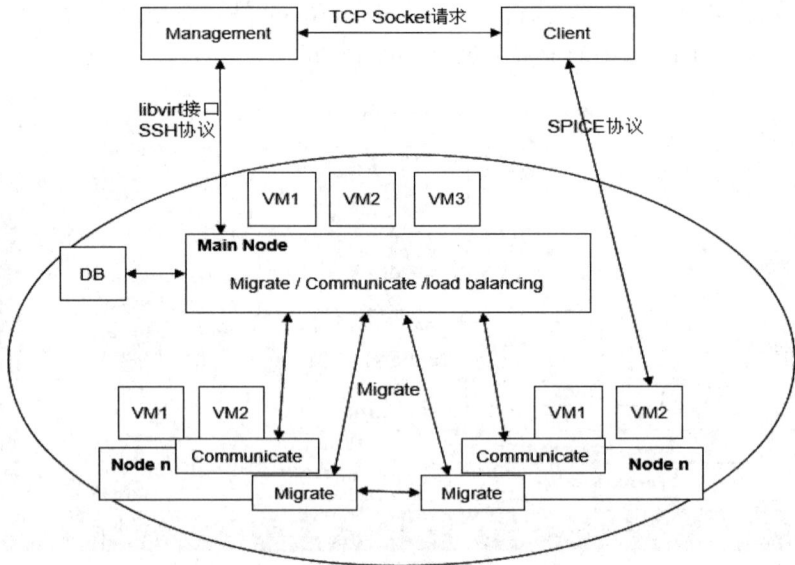

图 6-27　虚拟化资源池构成及节点间通信方式

新资源节点加入到 VRP 时，在 VLAN 网络中广播自身 IP 地址，VLAN 网络中主节点在收到新加入节点的广播后，截取其 IP 地址与自身 IP 进行比较，假如新节点 IP 地址比自身 IP 地址高，则向新加入节点返回一个通知，内容为新加入节点的 IP 地址，将主资源节点身份转给新加入资源节点。假如新节点 IP 地址比主节点 IP 地址低，则主节点新加入节点返回一个通知，内容为主节点自身 IP 地址，即通告知新加入节点主资源节点的地址。

资源节点加入并且广播自身 IP 地址之后，主动侦听返回通知，并且将返回通知中的 IP 作为主资源节点，如果得知自身成为主资源节点之后，还需要将本节点设置为主资源节点模式，并且向 VLAN 网络中其他资源节点广播主资源节点地址变换的通知。考虑第一个节点加入 VLAN 网络的情况，设置节点侦听的超时时间，超时之后节点就认为自身所处的 VLAN 网络没存在主资源节点并且将自身设置为主资源节点。

资源池中的每个资源节点都被部署了基于 libvirt 库开发的管理模块，该模块通过 libvirt 库提供的接口收集 QEMU 与 KVM 的运行状态信息。通过 libvirt 对资源节点上虚拟机运行状态的统计，可以实时获取 ActiveDomain 和 InactiveDomain

的数量，然后使用 XML-RPC 和解析 XML 的方式即可获取虚拟机的详细虚拟设备情况。

6.4.3　通过 libvirt 实现在线迁移以保证负载均衡

为保证 VPR 运行时的高性能，可以实现虚拟机的在线迁移功能。在主资源节点通过统计 DB 中虚拟化数据信息之后得到某个资源节点的负载情况过大时候，主资源节点向该节点发送迁移指令，让该节点中某些虚拟机镜像迁移到另一负载较小的资源节点中。数据统计与调度指令的发送过程中主资源节点作为中心服务器，对非主资源节点实施数据集中管理与控制。而在调度操作（虚拟机在线迁移）发起之后，VRP 各个资源节点体现为无中心的拓扑结构，迁移操作的 Source 与 Destination 节点之间通过 P2P 方式完成虚拟机在线迁移。

在线迁移过程中，libvirt 主要使用 libvirt RPC Channel 建立通信隧道完成虚拟机的在线迁移，VM 的在线迁移实现了 VM 运行状态通过计算机网络在物理主机之间的高效复制。其中 VM 运行状态包括 VM 的虚拟处理器、寄存器、内存以及外部资源设备（即磁盘文件系统和网络连接状态）。采用存储块在线迁移技术，大大减少硬件成本且较适合桌面虚拟化。

6.4.4　虚拟桌面交付流程

虚拟化资源池中的每一个虚拟桌面都对应着一个 QEMU 虚拟机进程，并且每一个虚拟桌面都可以通过 SPICE 桌面虚拟化框架中 SPICEServer 的端向 SPICEClient 端实施传输，即是完成虚拟桌面从服务端到终端用户的交互流程。

对于资源池中的任意虚拟桌面而言，其向终端的 SPICEClient 交付虚拟图形桌面的流程主要包括四个步骤：初始化、通过 SPICEServer 与 SPICEClient 建立通信管道、传输需要更新的显示区域、断开连接。其虚拟桌面向终端用户交付的时序如图 6-28 所示。

桌面虚拟化服务端进行初始化时，QEMU 首先会向 QXL 设备注册监听器，设置更新处理函数，监听 QXL 显示更新操作，然后向 SPICE 服务端注册 QXL 虚拟设备接口，同时添加对虚拟机状态变化的处理函数。

接下来建立通信管道，SPICEClient 端发出连接请求，通过 RedWorker 发送创建 DisplayChannel 的消息，并针对接受到的绘图命令进行处理的函数，监听 SPICE 协议消息。

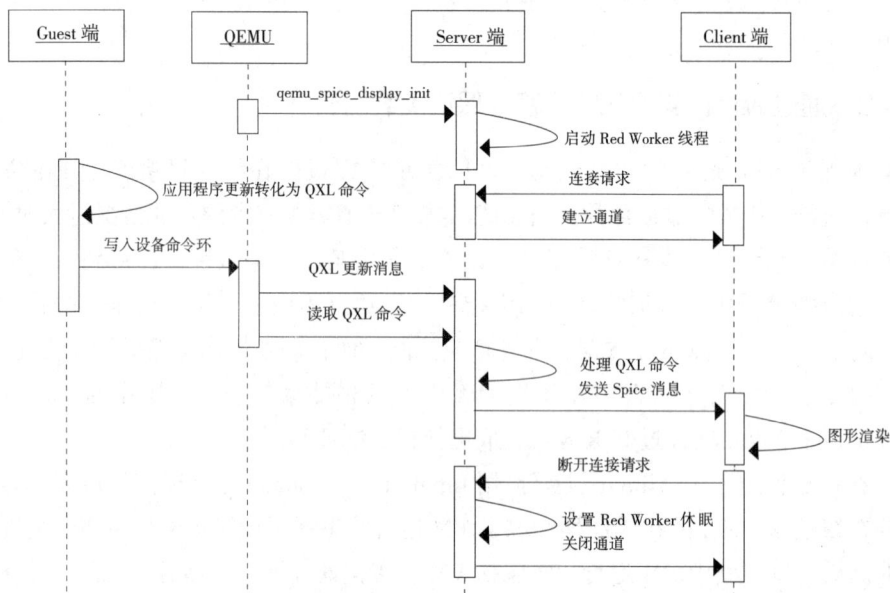

图 6-28　利用 SPICE 交付虚拟化桌面的时序图

资源池中虚拟化桌面在通过 SPICE 协议向终端用户实施图形界面交付的时候，只会对需要更新的区域进行传输显示。在客户端操作系统的显示发生更新时，调用 QXL 驱动程序对 QXL 设备进行刷新操作并且写入 QXL 绘图指令。而 QEMU 通过监听发现 QXL 更新指令后，会同步 RedWorker 线程进行更新处理。

最后，资源池中的 SPICE Server 端接收到 SPICE Client 端断开连接请求时，将设置 Red Worker 线程为休眠状态，同时关闭与客户端建立的 Display Channel 通道，即是完成 SPICE 通信管道的断开。

端到端的企业级动态虚拟桌面交付方法，其特征在于：将虚拟桌面以按需分配的方式提供给用户，使用户可从任何一个角落安全且高效地连接到集中管理的数据中心，基于 B/S 架构的管理模式，简化应用的部署和管理。

在进行虚拟桌面交过的过程中，具体交付内容包含以下：

（1）虚拟桌面与桌面池：允许管理员将虚拟桌面环境发布给用户远程使用，用户用终端通过网络连接到虚拟桌面环境上，像使用本地桌面一样的使用虚拟桌面，虚拟桌面的所有计算处理都是在服务器端完成，终端与服务器之间的交互仅仅是输入指令和输出显示图片，无实际数据的交互；由于终端虚拟化将所有的桌

面环境和计算集中于服务器端，在服务器端进行集中的虚拟桌面管理，虚拟桌面
主要来源于服务器上运行的虚拟机，所有桌面以桌面池的形式管理起来。

（2）虚拟应用和应用池：允许将服务器应用以虚拟应用的形式通过网络发布
给指定用户，体验感与使用本地应用一样，虚拟应用完全在服务器端运行，终端
与服务器之间的交互仅仅是输入指令和输出显示图片，不存在实际数据的交互，
基于 Windows 的应用交付。

（3）外设支持：通过外设管理策略，允许或禁止用户使用本地设备，当管理
策略允许用户使用外设时，设备优先被虚拟桌面识别并访问，无论是加密狗、打
印机、扫描仪、USB 存储设备，还是其他各类外设，均可使用。

（4）高清视频播放：基于传输交付协议，向用户交付具有超高用户体验的桌
面环境，在虚拟桌面中流畅播放高清视频，完成图形、图像设计。

（5）C/S 和 B/S 架构访问：通过网页 B/S、客户端 C/S、开机自动连接、移动设
备连接的多种途径访问虚拟桌面，外设设备无须用户特殊操作即可直接使用。

（6）用户身份验证：与 AD 域身份认证有机结合，进行用户身份验证。

（7）日志与事件管理：支持日志与事件管理，记录用户登录、退出、启动桌
面会话的最终用户操作行为，及时报告系统故障和错误警告，为管理员的日常维
护和故障排查工作提供可靠支持。

6.4.5　虚拟桌面资源池管理系统设计

虚拟桌面资源池管理系统分为三大部分：监控资源池负载情况与系统网络
环境的监控（Monitor）模块、在 libvirt 库上实现的管理资源池中资源的管理
调度（Management）模块，存放用户数据以及虚拟桌面配置信息的数据中心
（DataCenter）模块。

虚拟桌面资源池管理系统框架如图 6-29 所示。

Management 模块负责 VM 动态迁移以实现负载均衡。一方面，资源节点可以
接受虚拟机管理端的请求，实现虚拟机的动态迁移；另一方面，资源池中的各个
资源节点都设定了一个资源阀值，当某个资源节点上负载过大高于资源阀值时，
自动触发该节点上虚拟机的自动迁移。

DataCenter 用于存放接入用户和虚拟桌面的配置信息，用户每次连接虚拟机都
由 Connection 类从 DateCenter 中读取相应信息作为加载依据，DateCenter 中数据可
被检索或修改。

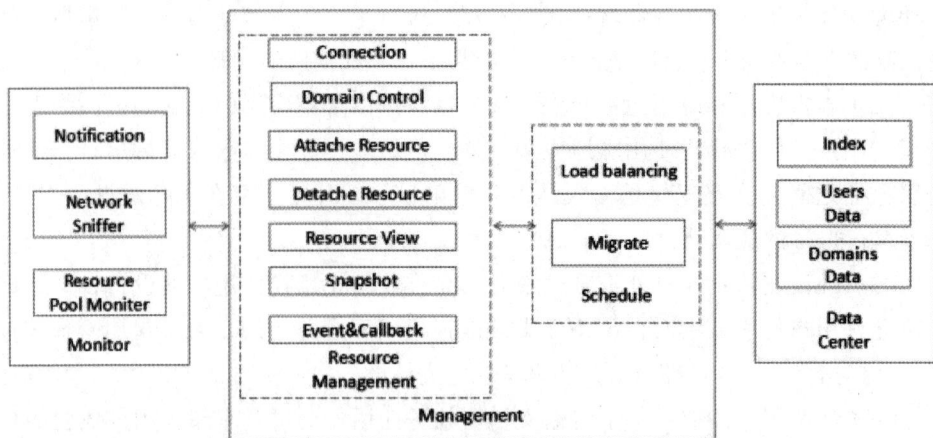

图6-29 虚拟桌面资源池管理系统框架

Monitor 模块包括资源池监控、网络环境监控和信息发送三个部分，其中搜集的数据以 XML-RPC 方式向管理程序提交，管理调度程序从 Monitor 中获得的系统状态为调度的参考数据，从而实现对资源池中虚拟资源和虚拟桌面进行管理与调度。

第七章 系统性能效果分析

7.1 桌面云虚拟机性能分析

7.1.1 硬软件环境

测试环境由三台 DELL 服务器组成，服务器配备 2 颗至强 E52600 处理器，每颗处理器有 8 个核心，CPU 主频率为 1.7GHz，内存类型为 DDR4，内存大小为 8G，并配备两块 Intel 千兆网卡，操作系统为 CentOS，一台 Pica8SDN 交换机。测试的内容为 Docker 容器和 KVM 虚拟机的 CPU 计算能力，内存访问以及读写能力，网络吞吐能力和重启时间长度。

使用 SysBench 测试工具来测试 CPU 的运算能力，使用 MBW 内存性能测试工具来比较 Docker 容器和 KVM 虚拟机的内存性能差异。网络吞吐能力采用与 iperf 测试工具进行测试。重启时间长度根据系统标记时间来衡量。所有的实验均独立运行 10 次取其平均值。

7.1.2 网络性能分析

（1）网络连接性能分析

首先对优化后的容器网络连接进行了性能测试，在 NFV 服务器上使用 Docker 容器进行不同长度的网络服务功能链的部署，并从发送端服务器发送不同大小的数据包到接收端服务器，对比在不同服务功能链长度的条件下，优化容器网络连接方式前后的性能差异。

由于单服务器内服务功能链长度一般在 10 以内，我们测试了功能链长度为 3

和长度为 6 条件下，优化容器网络连接前后的 NFV 服务器的包转发能力，其结果如图 7-1 和图 7-2 所示。

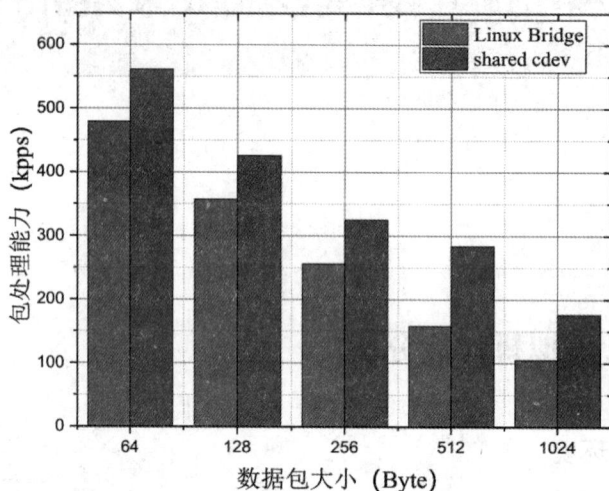

图 7-1　个 VNF 构成功能链时性能

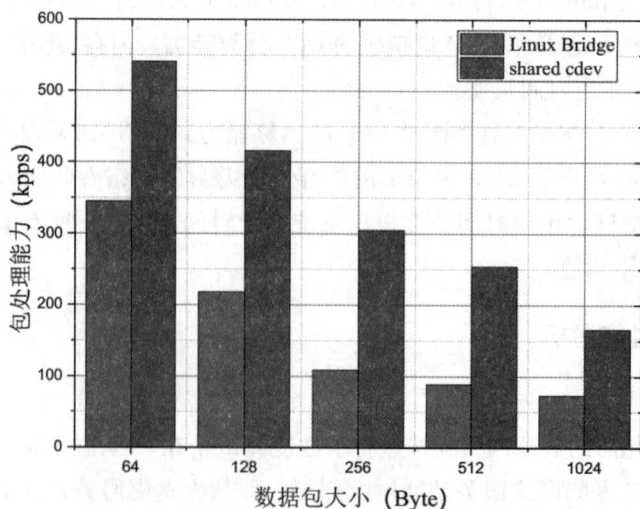

图 7-2　六个 VNF 构成功能链时性能

可以看到在由 3 个 VNF 组成的服务功能链中，使用单个 LinuxBridge 进行转发数据包的性能差于使用共享内存设备的性能，其中当数据包较小时，优化后性能提升较小，大约在 5% 左右，当数据包较大时，由于优化后的容器网络可以减少数据包的频繁拷贝问题，优化效果显著，性能提升可以达到 45% 左右。

在由 6 个 VNF 构成的服务功能链环境下，可以看到使用共享内存的优化效果更加显著，性能提升最高达到了 179%，这是由于服务功能链的加长，导致了数据包拷贝次数增多，而使用共享内存的字符设备进行数据包转发，其数据包拷贝次数仍然是两次，不受服务功能链长度变化影响，该方案优化效果显著。

（2）网络吞吐性能分析

在网络吞吐性能上，采用 iperf 工具来进行测试，通过在发送端不断加大发送网络报文的速度，在接收端对比通过分别部署两种虚拟化方式的网络流量的速度，进而得出两种虚拟化方式中各自服务器的吞吐量。测试结果如图 7-3 所示。

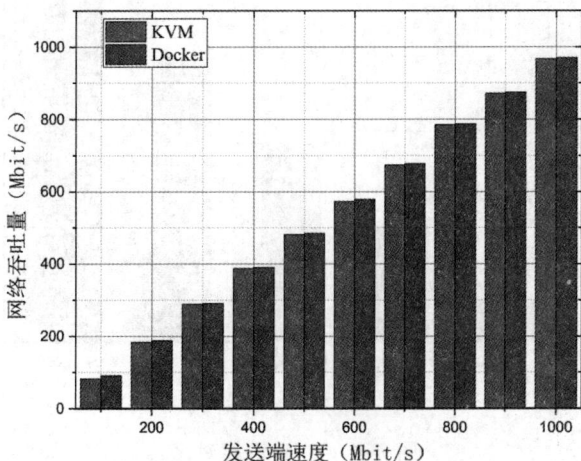

图 7-3　网络吞吐性能对比

从测试结果可以看到，Docker 容器与 KVM 虚拟机在网络吞吐量上能力几乎均达到了发送端的最大速度。KVM 在早期使用 QEMU 模拟网络功能，性能仅能达到物理宿主机的三分之一左右，在新增了 virtio 技术和 vhost 技术后，虚拟机所发出的网络 I/O 请求将不会再在虚拟机和宿主机之间进行切换，而是直接由 QEMU 的驱动程序进行拦截并和宿主机中的真实网络设备驱动进行通信，来完成虚拟机的 I/O 操作，这使得 KVM 虚拟机的网络吞吐能力大幅提升。

而 Docker 容器相当于一个运行在宿主机中的进程，其容器的隔离性使用

LinuxNamespace 功能来隔离容器的运行环境，使用 cgroups 功能来限制容器使用的资源，这使得 Docker 容器的网络吞吐性能也接近物理宿主机的吞吐性能。

7.1.3　CPU 性能分析

（1）单用户虚拟机环境下的 CPU 性能分析

针对 KVM 虚拟机和 Docker 容器的性能测试，首先对二者的 CPU 计算能力进行了测试，通过 SysBench 测试工具分别测试宿主机、Docker 容器和 KVM 虚拟机，测试三者生成素数所需要的时间，生成素数的个数从 5000 依次递增到 25000，其测试结果如图 7-4 示。

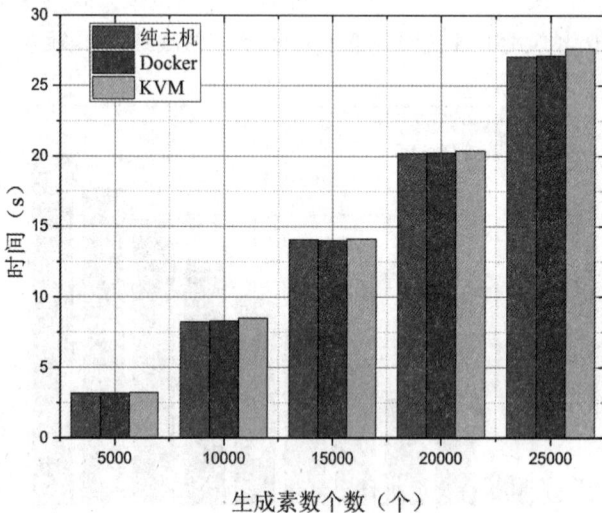

图 7-4　CPU 性能对比

可以看到，未安装 Docker 容器和 KVM 虚拟机的纯主机与仅运行 Docker 容器或 KVM 虚拟机的主机，在各自的计算环境下其 CPU 计算能力相差无几。Docker 容器相当于一个进程，直接运行在宿主机上，所以其运行计算性能测试时，只是测试线程在物理主机的 CPU 上执行，并不存在性能的损耗。

而运行 KVM 虚拟机的宿主机尽管多运行着一层 Hypervisor，但其计算能力相比于纯主机而言，所产生的性能损耗并不大，究其原因是因为当虚拟机进行计算运算时，Hypervisor 只是一个 VirtualMachineMonitor，其并不参与运行指令的转换。由于当前的通用服务器的 CPU 都支持虚拟化，KVM 虚拟机中的 GuestOS 在进行运

170

算时只需要从宿主机的 VMXNon-root 模式自动切换到 VMXroot 模式，其运行的计算代码仍然是直接运行在底层的物理 CPU 上的，即 CPU 并未被 KVM 内核虚拟化为虚拟 CPU，这使得 KVM 虚拟机只是在客户机到宿主机的指令转换时有一定时延，而当虚拟机开始计算时，其 CPU 计算能力并未受到损失。

（2）多用户虚拟机环境下的 CPU 性能分析

为测试多用户环境下 KVM 虚拟机与 Docker 容器计算性能的对比，我们在实验环境中的物理宿主机分别部署了五个 KVM 虚拟机和五个 Docker 容器，每个虚拟机内存为 1G，硬盘为 10GB，运行 64 位 Ubuntu16.04.4 操作系统。五台 KVM 虚拟机和五个 Docker 容器同时进行生成素数测试，从而测试其计算能力，测试结果如图 7-5 所示。

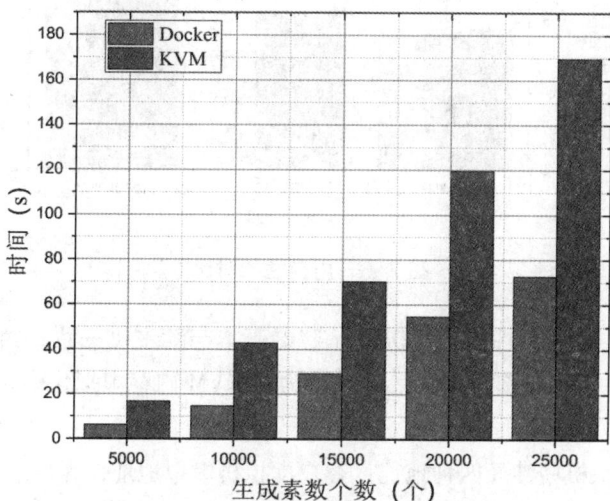

图 7-5　多个客户机时 CPU 性能对比

可以看到当部署多个 Docker 容器或多个 KVM 虚拟机时，KVM 虚拟机生成同样个数的素数需要更多的时间，其计算能力相比 Docker 出现了大幅下滑。这是因为多个 KVM 在 Hypervisor 之间进行切换时，需要占用一定的宿主机 CPU 资源，从而导致了其计算能力的下降。而 Docker 容器只需要直接竞争 CPU 资源，完成计算即可。

7.1.4 内存性能分析

使用 MBW 内存性能测试工具来比较 Docker 容器和 KVM 虚拟机的内存性能差异。其测试结果如图 7-6 所示。

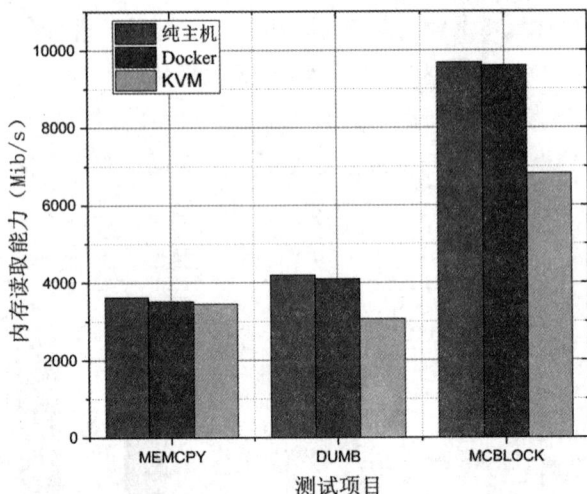

图 7-6 内存性能对比

可以看到，在内存性能上，Docker 容器基本与纯主机一致。相对而言，KVM虚拟机的内存性能有一部分损耗。这是因为在 KVM 内存虚拟化中，涉及虚拟机和宿主机的内存映射问题。

在 KVM 虚拟机中涉及四种地址：客户虚拟机虚拟地址，客户虚拟机物理地址，物理宿主机虚拟地址，以及物理宿主机物理地址。KVM 内核通过利用系统调用，将运行在宿主机中的 QEMU 进程中的宿主机虚拟地址映射到客户机物理地址，而在虚拟机中，通过内部操作系统中的地址映射表来维护客户虚拟机虚拟地址到客户虚拟机物理地址之间的映射关系。与此同时，由于在宿主机中部署多台虚拟机，在涉及宿主机虚拟地址到宿主机物理地址映射时，由于不同虚拟机和宿主机之间的权限可能不同，也会造成多次查询开销，导致性能损耗。

相比于 Docker 只需要完成在宿主机中的虚拟地址到物理地址的映射，KVM 虚拟机由于多进行了两次地址映射，从而影响了内存的性能表现。

7.1.5 虚拟机重启时长分析

最后我们对 Docker 容器和 KVM 虚拟机重启时间长度进行了测试。我们在实验环境中的物理宿主机分别部署了五个 KVM 虚拟机和五个 Docker 容器，每个虚拟机内存为 1G，硬盘为 10GB，运行 64 位 Ubuntu16.04.4 操作系统。测试结果如图 7-7 所示。

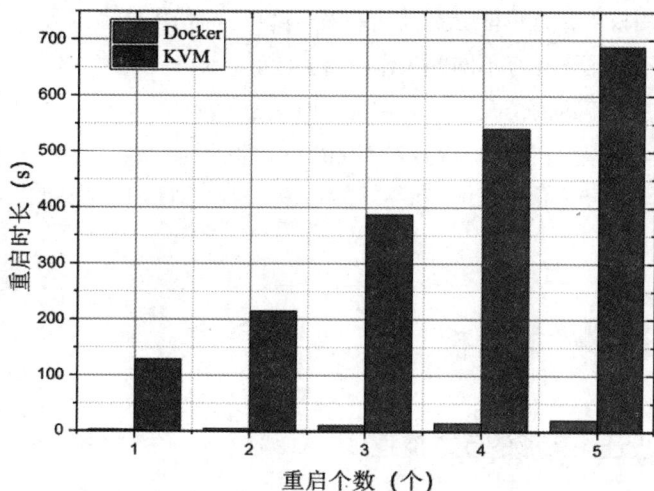

图 7-7　Docker 容器与 KVM 虚拟机重启时间对比

可以看到，Docker 容器重启时间长度与 KVM 虚拟机重启时间长度差别巨大，且随着同时重启数目的增多，这种差别越来越大。这是因为相对 Docker 只是宿主机系统中的一个进程而言，KVM 虚拟机是运行在 Hypervisor 之上的一个完整的环境，在这个过程中还需要重启虚拟机中的操作系统。

KVM 虚拟机重启首先会涉及重启开始时虚拟机资源的清理工作，将系统资源回收和再释放，并不断检查，以防再启动时造成资源前后不一致。之后将会加载完整的镜像文件，加载磁盘文件，读取文件信息，加载内核资源，启动内核模块，启动 login 程序，最后进入到登录状态。整个过程基本与宿主机重启过程类似。

由以上比较可以看出，在使用性能上，由于 Docker 属于操作系统级虚拟化，只是相当于一个进程运行在宿主机服务器上，其拥有的 CPU 计算能力、内存读取能力、网络吞吐能力以及重启的启动时间上均贴近于宿主机具有的能力。而 KVM 虚拟化方式相对而言属于一种较为重的虚拟化方式，其采用全虚拟化的方式向用户提供了一个完整的运行环境，在一些性能上会造成损耗。当进行 VNF 部署时，IO 密集型需求和计算密集型需求部署于 Docker 容器中更容易获得最佳性能。但也要看到，KVM 虚拟机在使用过程中也具有 Docker 容器所不具备的一些优势。

KVM 虚拟机的资源隔离性要优于 Docker 容器，这是因为 Docker 使用 cgroup 技术实现资隔离的，其只能限制资源消耗的最大值，可能会造成与其他程序共享资源的情况。KVM 虚拟机的安全性优于 Docker 容器，Docker 容器的用户拥有该宿主机上所有容器的使用权限，这可能会造成一些安全隐患，而 KVM 虚拟机拥有独立的操作系统，可以使不同用户拥有不同的操作权限。同时，KVM 虚拟化技术还支持热迁移，可以使虚拟机在不停机的情况下单点迁移，而这是目前的 Docker 技术所不具有的。

综上，KVM 虚拟化技术和 Docker 容器技术在性能和隔离性安全性上各有其优势，应该根据网络功能虚拟化场景的不同，按照需求来决定所采用的虚拟化的手段。

7.2　动态迁移性能分析

7.2.1　虚拟机迁移策略的基本流程

虚拟机的在线迁移技术是虚拟化技术中的关键技术，也是虚拟机调度中使用最频繁的手段。虚拟机在线迁移技术是指保证虚拟机能够在正常运行的前提下，将其从一台物理机迁移到另一台物理机上，并在目的物理机上恢复迁移之前的运行状态。

在数据中心，有无数的大规模应用和服务部署在虚拟化集群上。对虚拟机的管理和调度一向是虚拟机技术的研究重点。

在大规模应用和服务之上的虚拟机管理是比较复杂的，因为运行的负载具有实时动态性，如果没有良好的资源分配和虚拟机调度策略，首先会使得应用计算和存储效率低下，同时多余的虚拟机资源分配，会使得计算和存储资源严重浪费。不均衡的能效分配和使用情况，也将直接导致能源的浪费。而人工的调整和管理，需要手动的预估和分配，具有滞后性和不稳定性。所以需要设计和使用一套完善的动态虚拟机调度算法，调度算法需要解决以下几个问题。在单节点上，该创建多少虚拟机，每个虚拟机分配怎样规模的任务，才能达到最好的资源利用效果和能源节约效果。在集群虚拟机上，该启用多少节点数目，每个节点开启多少虚拟机，每个虚拟机分配怎样的规模任务，是调度算法需要动态决策。同时，如果在运行过程中，出现了资源不均的情况，如何动态迁移虚拟机，保持最好的资源利用效果和能源节约效果。

如图 7-8，在典型的异构节点服务器集群虚拟机环境中，若干个计算节点共享存储节点的物理存储空间，彼此异构的计算节点都采用了虚拟化，运行着不同的虚拟机监控器，负载管理本节点上的若干个虚拟机，每个虚拟机上运行着不同类型的负载任务。控制或者管理节点负责为所有计算节点分配资源，并根据各个计算节点的实时功耗情况，CPU、内存、I/O 等运行状态，监听整个服务器集群，当监听到某个计算节点上的某个虚拟机触发迁移条件时，就为之选择合适的目标节点，并给原计算节点发出迁移指令，虚拟机迁移到目标节点，完成整个调度过程。

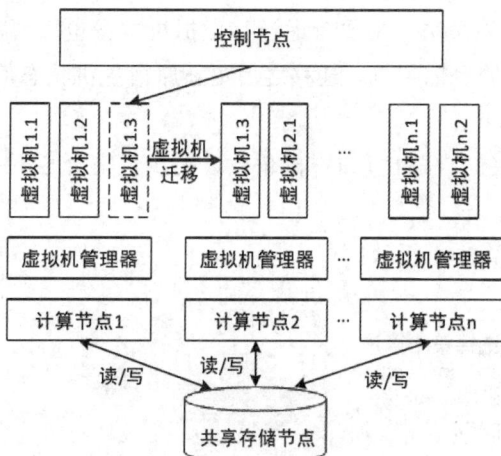

图 7-8 虚拟机环境示意图

在实际控制节点内部，整个调度过程由以下几个模块实现。首先是监听模块，负责收集整个集群各节点的实时功耗，CPU 和内存利用率以及 I/O 和存储设备的信息。然后是计算分析模块，利用监听模块收集到的数据信息，计算各节点以及其内部虚拟机的运行状态，分析是否有节点超负荷运行（这里通常会设置一个上限阈值），是否有虚拟机触发迁移条件，如果有则进入调度模块。调度模块首先为待迁移虚拟机寻找合适的目标宿主机，然后向待迁移虚拟机的原宿主机发出迁移指令，由虚拟机监控器完成虚拟机迁移。

本小节的调度算法主要涉及两个问题：在集群所有节点运行着的众多虚拟机中，选出需要被迁移的虚拟机；对于一个具体的待迁移虚拟机，根据负载特征，为其选择能效比最高的目标宿主机，以便完成调度。

7.2.2　待迁移虚拟机选择策略

通常，数据中心服务器集群各节点的实时状态信息主要包括功耗、CPU和内存利用率、网络带宽和存储设备使用率。控制节点的计算分析模块根据监听模块收集到的这些相关数据信息，分析各节点的实际运行状态，这里通常设定一个上限阈值，如果某个节点的资源利用率比阈值高，则认为该节点处于超负荷运行状态，需要将其内部运行的部分虚拟机迁移出去，这里，数据分析模块最终会建立一个集合S并且把超载节点加入，生成一个超载节点集合。

然后，遍历集合S，对于一个具体的超载节点，优先选取资源利用率需求最小的虚拟机，这是经验做法，主要考虑迁移虚拟机本身也需要一定的资源，同时也便于将来选择最优的目标主机。迁移之后更新原宿主机状态信息，再收集信息，计算分析是否超载。

最后，继续上面的方法，直到不再超载，则换至集合S下一个超载节点继续上述步骤。

整个算法流程如算法1所示：

算法1：待迁移虚拟机选择策略算法：

输入：服务器节点集合
输入：待迁移虚拟机 VM

// 设定节点负载上限阈值
for（Server in Servers）
　　// 获取负载状态，计算节点负载状态
　　if Wi>max
　　　　add Server to S // 把服务器节点加入超载集合S
end for
for（Si in S）// 遍历超载服务器集合
　　for（VM in Si）
　　　　sort each VM by resource needed // 根据所需资源从小到大排序 VMs
　　　　select the min to migrate // 选择所需资源最小者为待迁移 VM
　　end for
end for
update Si
return VM // 返回待迁移虚拟机

也可以使用该算法生成一个待迁移虚拟机序列。

7.2.3 目标节点选择策略

选择可迁移服务器时需要遵循两个条件：

（1）尽量保证每台宿主机中不同类型的虚拟机分布均衡，这样可充分利用服务器的各种资源，提高资源利用率；

（2）尽量不迁移到同一机架、同一电源上的宿主机，节省耗能和提高系统稳定性。

集群中不同节点服务器的硬件配置通常是异构的，每个节点上运行的操作系统和负载任务也各不相同。同一台服务器在不同的 CPU 频率下运行不同类型的负载时，它的能效比也是不同的 [28]，因此，对于集群中的每一个服务器，通过分别运行计算密集型、内存密集型和混合型工作负载来寻找其最佳能效比下的频率点。

在计算一个服务器的能效比的同时，还可以通过相关命令获取服务器当前运行状态，判断服务器是否处于超载低能效状态，从而确定是否需要迁出其中运行的虚拟机。

对于一个正在运行的待迁移的虚拟机，首先要确定它的负载类型，然后才能选择能效最优的目标物理主机，因此需要对虚拟机的负载特征进行识别。由于在实际运行一个负载时，不可能只耗费 CPU 计算资源而不需要内存资源，我们划分一个标准如下表，来确定待迁移虚拟机属于何种类型。当然，表 7-1 对于资源利用率水平的划分是依据经验值的基础上进行的，随着未来研究工作的完善，调度器可以根据实际负载进行学习和调整。

表 7-1 虚拟机负载类型划分

类型	CPU 利用率	内存利用率
计算型	大于 70%	小于 30%
内存型	大于 20% 小于 50%	大于 60%
混合型	大于 30% 小于 60%	大于 30% 小于 60%

实现上，根据 sysstat 软件包可以获取物理机 CPU、内存和 I/O 等硬件资源利用率，通过虚拟机监控器的特权指令或者专有命令可以得到当单个虚拟机的 CPU、

内存利用率、I/O 等系统资源占用情况等数据指标，通过这些指标，可以确定虚拟机是否触发迁移条件。

给定一个待迁移虚拟机 VM，控制节点的调度模块首先要识别 VM 的负载特征，然后转入计算分析模块，根据负载类型计算过的按能效值降序排列的拥有空闲资源的计算节点集合，按照迁移之后，目标宿主机能优先达到能效峰值点或者能效比更高的优先级来选择，如果能够预分配成功，则调度模块发出调度指令，将待迁移虚拟机迁移到目标宿主机，完成调度过程。这里需要注意的是，负载类型不同，各节点的峰值能效比不相同，同一负载类型，在不同频率下，服务器的峰值能效点也不相同，这可以通过实验得到验证，后面的实验分析也有说明。在执行调度之前，最好先把所有节点在不同类型不同频率下的峰值能效点计算出来。

详细的算法描述如算法 2 所示：

算法 2：基于能效比的虚拟机调度算法：

输入：待迁移 VM，目标宿主机节点集合
输出：经过 VM 调度之后的节点集合

for each workload type（计算型，内存型，混合型）// 计算不同负载类型下节点能效比
    for each sever in serverlist
      calculate peakEE // 计算峰值能效点
    end for
    sort each sever by peakEE // 根据能效降序服务器，生成 VM 目标宿主机集合 P
end for
recognize workload type of VM // 识别待迁移 VM 负载类型
for each Pi in P // 遍历目标宿主机节点集合 P
    if VM is suitable to migrate on Pi // 如果适合，迁移到 P 中第 i 个宿主机
      migrate to Pi
end for
update P

如果是初始条件是一个待迁移的虚拟机 VM 序列，本算法也同样适合，追求尽可能高的能效比，是算法的最终目标，这也在实验结果中得到验证。

在实际控制节点内部，整个调度过程由以下几个模块实现。首先是监听模块，负责收集整个集群各节点的实时功耗，CPU 和内存利用率以及 I/O 和存储设备的信息。然后是计算分析模块，利用监听模块收集到的数据信息，计算各节点以及其

内部虚拟机的运行状态，分析是否有节点超负荷运行（这里通常会设置一个上限阈值），是否有虚拟机触发迁移条件，如果有则进入调度模块。调度模块首先为待迁移虚拟机寻找合适的目标宿主机，然后向待迁移虚拟机的原宿主机发出迁移指令，由虚拟机监控器完成虚拟机迁移。

7.2.4 触发迁移的因素

虚拟机的迁移需要考虑下面几个方面的问题：

（1）达到数据中心的负载均衡

（2）降低整个集群的能耗

（3）降低维护成本

影响触发迁移的因素有很多，例如物理机本身的性能、CPU、带宽、内存等的利用率，还有硬件型号、CPU 核数、I/O 利用率以及 CPU、内存总的大小、数据机房的温度、电压情况等。常见的做法是根据 CPU、内存、I/O 利用率和带宽使用情况，对它们进行一个加权。

U=CPU 的权重 *CPU 的利用率 + 内存的权重 * 内存的利用率 +I/O 的权重 *I/O 的利用率。

当 U 超过给定的阈值时触发迁移，在这里忽略物理机的硬件性能考量。

虚拟机迁移的触发过程常见的做法是：比较资源利用率与阈值的大小，当利用率过高时，触发迁移。这种做法能够很好地保证数据中心不会因为出现热点服务器而使整个集群的 QoS 下降，保证了应用的负载均衡，并降低了能耗和维护成本。本文使用一种双阈值的方式触发虚拟机的迁移。

规定 H 为上阈值，L 为下阈值，设物理机的资源利用率为 E。

（1）当 $E<L$ 时，说明物理机处于低负载状态

（2）当 $L<E<H$ 时，说明物理机的负载处于正常状态

（3）当 $E>H$ 时，说明物理主机处于高负载状态

当物理主机处于高负载状态时，数据中心的 QoS 得不到保证；当服务器处于低负载状态时又造成了包括电能在内的多余能耗损失，所以设置上下两个阈值，只有物理主机的资源利用率在这两者之间时才不触发迁移。

7.2.5 节点利用率的查看和计算

（1）使用 proc 文件求 CPU 使用率

在 Linux 下，CPU 利用率分为用户态，系统态和空闲态，分别表示 CPU 处于用户态执行的时间，系统内核执行的时间，和空闲系统进程执行的时间，三者之和就是 CPU 的总时间，当没有用户进程、系统进程等需要执行的时候，CPU 就执行系统缺省的空闲进程。从平常的思维方式理解的话，CPU 的利用率就是非空闲进程占用时间的比例，即 CPU 执行非空闲进程的时间 /CPU 总的执行时间。

在 Linux 系统中，CPU 时间的分配信息保存在 /proc/stat 文件中，利用率的计算应该从这个文件中获取数据。文件的头几行记录了每个 CPU 的用户态，系统态，空闲态等状态下分配的时间片（单位是 Jiffies），这些数据是从 CPU 加电到当前的累计值。常用的监控软件就是利用 /proc/stat 里面的这些数据来计算 CPU 的利用率的。"/proc/stat" 文件数据如图 7-9 所示：

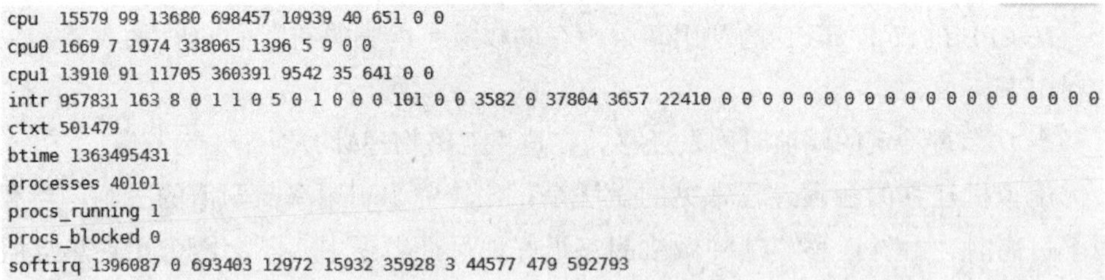

```
cpu  15579 99 13680 698457 10939 40 651 0 0
cpu0 1669 7 1974 338065 1396 5 9 0 0
cpu1 13910 91 11705 360391 9542 35 641 0 0
intr 957831 163 8 0 1 1 0 5 0 1 0 0 0 101 0 0 3582 0 37804 3657 22410 0 0 0 0 0 0 0 0 0 0 0 0 0 0 0
ctxt 501479
btime 1363495431
processes 40101
procs_running 1
procs_blocked 0
softirq 1396087 0 693403 12972 15932 35928 3 44577 479 592793
```

图 7-9 /proc/stat 文件数据

第一行的数值表示的是 CPU 总的使用情况，下表 7-2 解析第一行各数值的含义（单位：jiffies）：

jiffies 是内核中的一个全局变量，用来记录自系统启动一来产生的节拍数，在 linux 中，一个节拍大致可理解为操作系统进程调度的最小时间片，不同 linux 内核可能值有不同，通常在 1ms 到 10ms 之间。

续　表

表 7-2　/proc/stat 文件内容解析

user（15579）	从系统启动开始累积到当前时刻，用户态的 CPU 时间，不包含 nice 值为负进程。
nice（99）	从系统启动开始累积到当前时刻，nice 值为负的进程所占用的 CPU 时间
system（13680）	从系统启动开始累积到当前时刻，核心时间
idle（698457）	从系统启动开始累积到当前时刻，除 I/O 等待时间以外其他等待时间
iowait（10939）	从系统启动开始累积到当前时刻，I/O 等待时间
irq（40）	从系统启动开始累积到当前时刻，硬中断时间
softirq（651）	从系统启动开始累积到当前时刻，软中断时间

因为 /proc/stat 中的数值都是从系统启动开始累积到当前时刻的积累值，所以需要在不同时间点 t1 和 t2 取值进行比较运算，当两个时间点的间隔较短时，就可以把这个计算结果看作是 CPU 的即时利用率。

CPU 的即时利用率的计算公式：

CPU 在 t1 到 t2 时间段总的使用时间 =（user2+ nice2+ system2+ idle2+ iowait2+ irq2+ softirq2）–（user1+ nice1+ system1+ idle1+ iowait1+ irq1+ softirq1）

CPU 在 t1 到 t2 时间段空闲使用时间 =（idle2 – idle1）

CPU 在 t1 到 t2 时间段即时利用率 =1 – CPU 空闲使用时间 /CPU 总的使用时间

（2）使用 proc 文件求内存利用率

查看 Linux 系统的内存使用情况，查看文件 /proc/meminfo 文件，使用 MemFree 字段来计算内存。/proc/meminfo 文件内容如下所示：

MemTotal:　　　2028604 kB

MemFree:　　　104720 kB

MemAvailable:　1090084 kB

Buffers:　　　80124 kB

Cached:　　　1002488 kB

SwapCached:　　0 kB

Active:　　　999072 kB

```
Inactive:          653332 kB
Active（anon）：   570924 kB
Inactive（anon）：   8120 kB
Active（file）：    428148 kB
Inactive（file）：  645212 kB
Unevictable:        32 kB
Mlocked:            32 kB
SwapTotal:       2094076 kB
SwapFree:        2094076 kB
Dirty:             2068 kB
Writeback:            0 kB
AnonPages:        531364 kB
Mapped:           228732 kB
........
```

字段解释：

MemTotal：所有可用 RAM 大小（即物理内存减去一些预留位和内核的二进制代码大小）

MemFree：LowFree 和 HighFree 的总和，被系统留着未使用的内存。

内存利用率可以表示为：

内存利用率 =1−MemFree/MemTotal

（3）使用 proc 文件求带宽利用率

Linux 提供的 LKM 机制可以使我们通过 proc 伪文件系统来获取 Linux 内核信息，而通过 proc/net/dev 我们可以实时获取网络适配器及统计信息。抛开复杂的概念，简单说就是可以利用 proc/net/dev 来获取网卡的网速及网络包的收发情况。这里主要关心 Receive 和 Transmit 项的 bytes 项，Receive 代表输入字节数，Transmit 代表输出字节数。

网口传输速率为一段时间的 Receive 和 Transmit 的变化量，网络宽带占用率则是网口传输速率与当前接口的带宽的比值。通过 cat /proc/net/dev 采集两次，计算两次的流量差值，流量一般单位 Gbps Mbps 等。

带宽利用率 = 流量 / 带宽，其中流量指的是网卡流量，包括输入流量和输出流量，获取结果以 bytes 为单位，图 7-10 显示 /proc/net/dev 的文件数据。

```
Inter-|   Receive                                                |  Transmit
 face |bytes    packets errs drop fifo frame compressed multicast|bytes    packe
ts errs drop fifo colls carrier compressed
    lo:   34399     439    0    0    0     0          0         0    34399      4
39    0    0    0     0       0          0
 ens33: 459009573  313128    0    0    0     0          0         0  8440808   13
8968    0    0    0     0       0          0
```

图 7-10　/proc/net/dev 文件数据

（4）使用 iostat 求 I/O 占用率

iostat 负责监控服务器设备的 I/O 负载压力，如查看系统处理某一 I/O 请求的耗时，进程 I/O 请求数量等。通过运行 iostat 查看 I/O 各项基本信息，可以分析操作系统与进程在进行交互时 I/O 是否存在瓶颈的问题。

运行 iostat 后 I/O 负载情况如下所示：

Device:	rrqm/s	wrqm/s	r/s	w/s	rkB/s	wkB/s	avgrq-sz	avgqu-sz	await	svctm	%util
sda	0.00	22.00	0.00	18.00	0.00	160.00	17.78	0.07	3.78	3.78	6.80
sda1	0.00	0.00	0.00	0.00	0.00	0.00	0.00	0.00	0.00	0.00	0.00
sda2	0.00	0.00	0.00	0.00	0.00	0.00	0.00	0.00	0.00	0.00	0.00
sda3	0.00	15.00	0.00	2.00	0.00	68.00	68.00	0.01	6.50	6.50	1.30
sda4	0.00	0.00	0.00	0.00	0.00	0.00	0.00	0.00	0.00	0.00	0.00
sda5	0.00	0.00	0.00	0.00	0.00	0.00	0.00	0.00	0.00	0.00	0.00
sda6	0.00	0.00	0.00	0.00	0.00	0.00	0.00	0.00	0.00	0.00	0.00
sda7	0.00	7.00	0.00	16.00	0.00	92.00	11.50	0.06	3.44	3.44	5.50

每一列的指标意义如下：

rrqm/s：每秒进行 merge 的读操作数目。即 delta（rmerge）/s

wrqm/s：每秒进行 merge 的写操作数目。即 delta（wmerge）/s

r/s：每秒完成的读 I/O 设备次数。即 delta（rio）/s

w/s：每秒完成的写 I/O 设备次数。即 delta（wio）/s

rkB/s：每秒读 K 字节数。是 rsect/s 的一半，因为每扇区大小为 512 字节。

wkB/s：每秒写 K 字节数。是 wsect/s 的一半。

avgrq-sz：平均每次设备 I/O 操作的数据大小（扇区）。delta（rsect+wsect）/delta（rio+wio） avgqu-sz：平均 I/O 队列长度。即 delta（aveq）/s/1000（aveq 的单位为毫秒）。

await：平均每次设备 I/O 操作的等待时间（毫秒）。即 delta（ruse+wuse）/delta（rio+wio）

svctm：平均每次设备 I/O 操作的服务时间（毫秒）。即 delta（use）/delta（rio+wio）

%util：一秒中有百分之多少的时间用于 I/O 操作，或者说一秒中有多少时间 I/O 队列是非空的。即 delta（use）/s/1000（use 的单位为毫秒）

%util：在统计时间内所有处理 I/O 时间，除以总共统计时间。例如，如果统计间隔 1 秒，该设备有 0.8 秒在处理 IO，而 0.2 秒闲置，那么该设备的 %util = 0.8/1 = 80%，所以该参数暗示了设备的繁忙程度。一般地，如果 %util 接近 100%，说明产生的 I/O 请求太多，I/O 系统已经满负荷，该磁盘可能存在瓶颈。但是如果是多磁盘，即使 %util 是 100%，因为磁盘的并发能力，所以磁盘使用未必就到了瓶颈。

计算 I/O 占用率的部分代码如下所示：

```
while（lineIO=read.readLine（）!=null）{
    if（++countIO>=4）{
        String[] tempIO=lineIo.split（"\\s+"）;
        if（tempIO.length>1）{
            float utilIO=Float.parseFloat（tempIO[tempIO.length−1]）;
            IOUsage=（IOUsage>utilIO）?IOUsage:utilIO;
        }
    }
}
```

7.2.6 同构节点集群的负载均衡分析

本小节在以下平台进行了实验，硬件平台上物理机和虚拟机均运行 CentOS7.2 版本的 Linux 操作系统，虚拟机监控器采用 KVM+QEMU。每个虚拟机均配置 2 个 vCPU，4GB 内存和 20GB 硬盘空间。

虚拟机上分别运行质数计算程序 primecom 和内存测试程序 STREAM。其中 primecom 计算区间分别为（0，200000），（0，400000），（0，600000），（0，800000），（0，1000000），（0，1100000），（0，1200000），（0，1300000），（0，1400000），（0，1500000）。

STREAM 负载的矩阵大小为 170000000，共需内存空间约 3.8GB。

这里给出同构节点集群的调度结果，由于同构节点的硬件配置相同，因此可认为其能效比及能效等比性也相同。以下以 1 号服务器为例进行说明。

图 7-11 给出了 1 号服务器上运行不同负载时的功耗。需要指出的是，当在 1 号服务器上运行 12 个虚拟机，且这 12 个虚拟机均同时运行 STREAM 负载时，其功耗（138 瓦）比单独运行 8 个虚拟机（每个虚拟机仍运行 STREAM 负载）时的功耗（169 瓦）低。这主要是由于 KVM 在进行内存虚拟化时的开销过大，导致内存虚拟化效率急剧下降，大量的 STREAM 计算任务被阻塞，导致多个虚拟机处于空闲等待状态，最终导致服务器功耗降低。这可以从图 7-12- 图 7-14 的 Stream 计算的完成时间可以看出。

另外，由于 STREAM 计算的时间较短（单次 Copy、Add、Scale 或 Triad 计算时间一般不超过 1 分钟，总运行时间一般在 10 分钟左右），明显小于 PrimeSearch 的运行时间（3-12 个 vm 时大约 1620 秒，24 个 vm 时约 2980 秒），因此，即使在 STREAM 和 PrimeSearch 并发运行时段服务器功耗也明显小于两个服务器单独运行的功耗之和。

图 7-15 给出了单独运行 STREAM 和 STREAM 和 PrimeSearch 同时运行时各个虚拟机内运行的 STREAM 的内存访问带宽最高值。

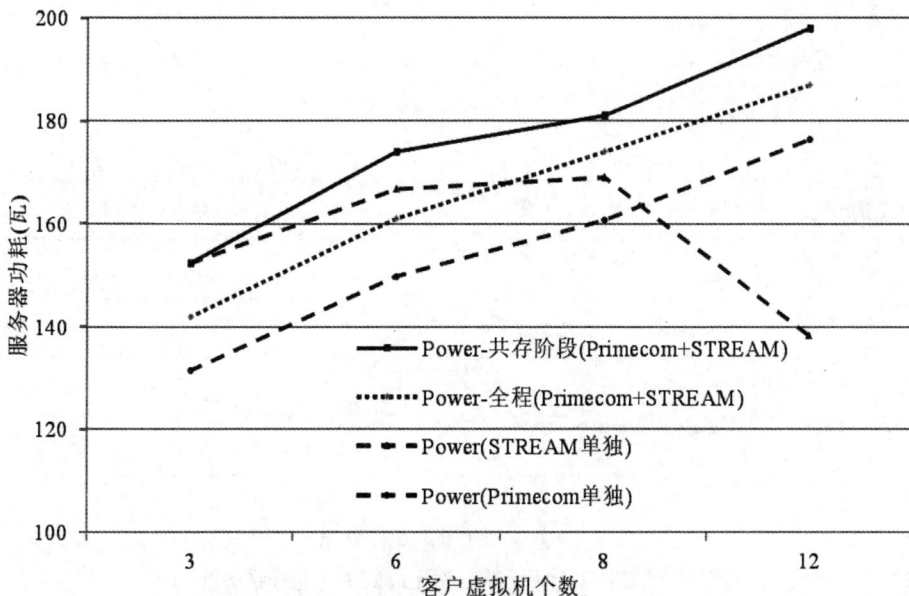

图 7-11　运行不同负载时的功耗（1 号服务器）

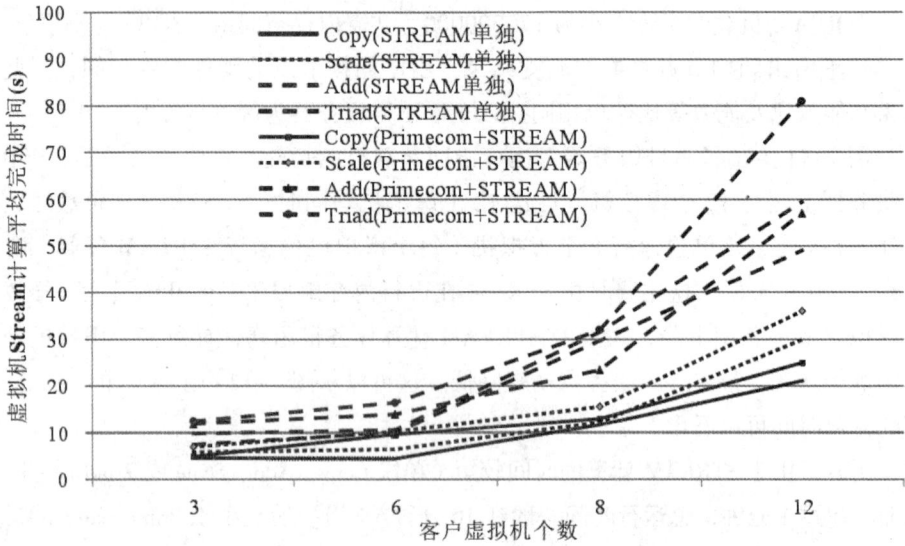

图 7-12　STREAM 计算平均完成时间（1 号服务器）

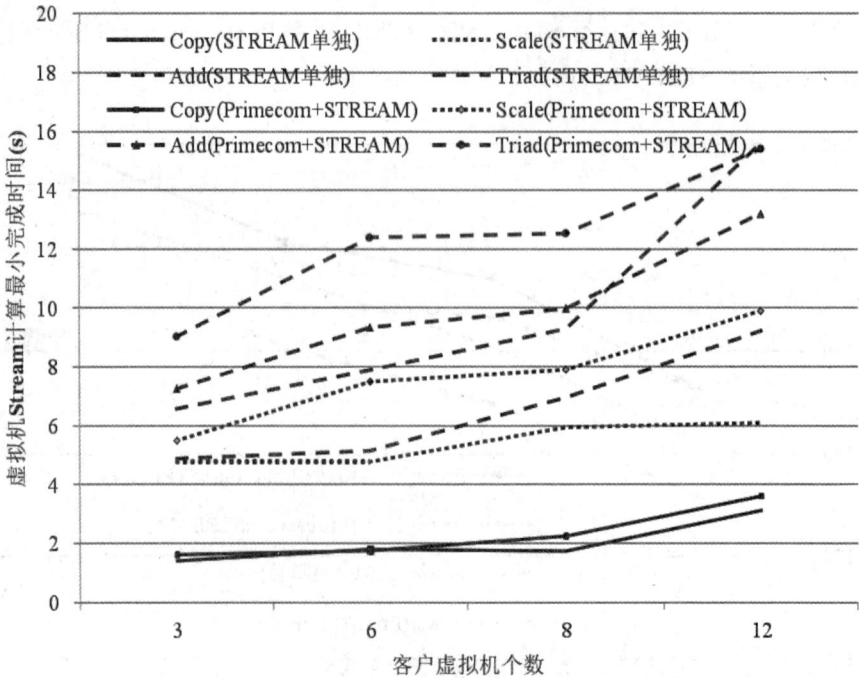

图 7-13　STREAM 计算最小完成时间（1 号服务器）

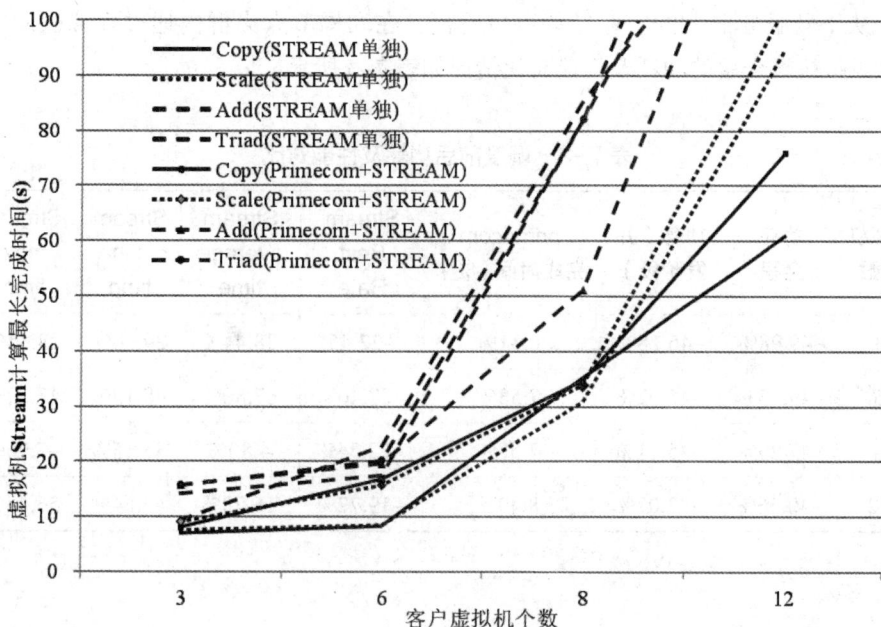

图 7-14 STREAM 计算最大完成时间（1 号服务器）

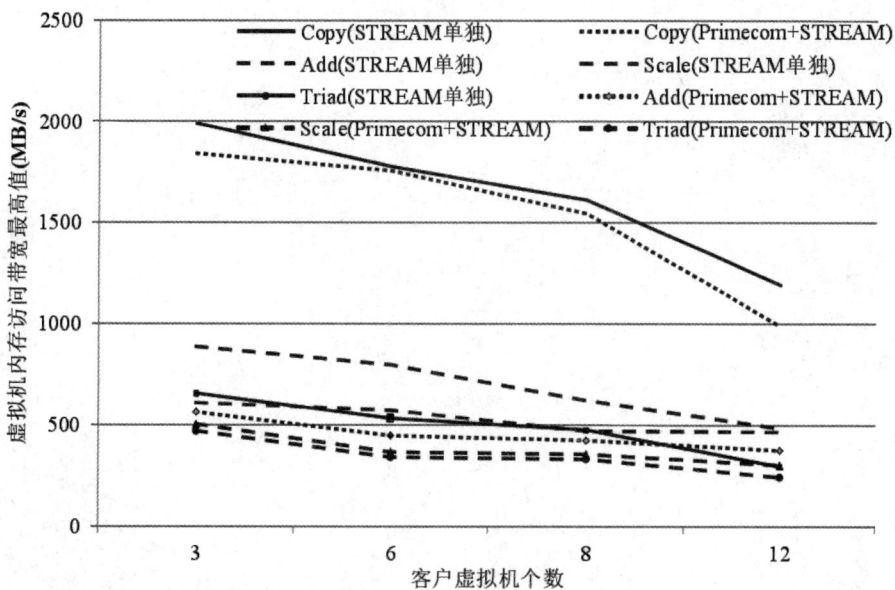

图 7-15 内存访问带宽最高值（1 号服务器）

从 1 号服务器上的实验结果可以看出，在同构节点集群内通过虚拟机调度，通过虚拟机聚合后的功耗及性能对比情况如表 7-3 所示。

表 7-3　调度前后功耗及性能对比

虚拟机个数	功耗（全程）	功耗（并发阶段）	primecom 完成时间（%）	Stream Best Rate	Stream average time	Stream min time	Stream max time
3	−49.98%	−46.28%	0.31%	−22.45	28.44%	29.00%	28.84%
6	−49.13%	−45.02%	7.53%	−27.46%	67.80%	48.15%	47.10%
8	−47.23%	−45.11%	7.52%	−22.34%	4.80%	35.15%	−7.96%
12	−40.56%	−37.07%	8.49%	−19.72%	16.75%	42.54%	56.48%

第八章 桌面云服务端的实现

8.1 桌面云服务端管理系统的实现

基于 KVM 的桌面云服务端管理系统的主界面如图 8-1 所示。

图 8-1 基于 KVM 的桌面云服务端管理系统

主要包括以下功能：

（1）虚拟机管理

虚拟机快速创建、删除、启动、关闭等功能；虚拟机资源信息的实时动态显示，以及查看；灵活的增加删除系统附属磁盘。

（2）模板管理

系统镜像模板的上传和删除

（3）用户管理

用户的创建，用户绑定虚拟机，用户的权限管控；管理员一键设置选定用户
USB 权限以及系统恢复。

（4）动态资源分配

可以根据网络、CPU 和内存工作的情况，进行动态调整资源分配，使弹性资
源配置平台状态始终处于最佳状态。

（5）管理控制

可定义和配置动态集群和应用路由控制节点的各种相关参数，包括运行时的
动态集群需要遵循的各种策略，并可监控这个环境的运行状态。

（6）多种操作系统虚拟能力

可虚拟常见系统以及国内操作系统，例如 Windows 系列系统、中标麒麟操作
系统和苹果系统等。

8.2　服务器

服务器通过 SPICE 桌面连接协议与客户端设备进行通信，从而为用户提供虚
拟桌面服务。在具体的实施场景中，可以根据实际的应用情况，充分利用现有的
技术条件及服务器设施。

云计算服务器通常具备的特征是：即高密度（High-density）、低能耗
（Energy-saving），易管理（Reorganization）、系统优化（Optimization）。

高密度（High-density）：未来的云计算中心将越来越大，而土地则寸土寸金，
机房空间捉襟见肘，如何在有限空间容纳更多的计算节点和资源是发展关键。

低能耗（Energy-saving）：云数据中心建设成本中电力设备和空调系统投资比
重达到 65%，而数据中心运营成本中 75% 将是能源成本。可见，能耗的降低对数
据中心而言是极其重要的工作，而云计算服务器则是能耗的核心。

易管理（Reorganization）：数量庞大的服务器管理起来是个很大问题，通过云
平台管理系统、服务器管理接口实现轻松部署和管理则是云计算中心发展必须考
虑的因素。

系统优化（Optimization）：在云计算中心中，不同的服务器承担着不同的应用。例如有些是虚拟化应用、有些是大数据应用，不同的应用有着不同的需求。因此针对不同应用进行优化，形成针对性的硬件支撑环境，将能充分发挥云计算中心的优势。这都将对服务器提出新的要求，云计算将重新定义服务器。

在本课题中，服务器是桌面云系统的核心硬件设备，提供云计算管理平台和云终端运行的硬件基础及后台环境；提供统一认证和访问控制功能，包括客户端注册认证及系统用户认证，可以根据不同用户身份分配不同的访问及使用权限；提供客户端与服务设备之间的数据及计算管理；作为系统通信中心，还提供了操作终端、管理中心、数据中心、多点并发防火墙等之间的通信服务。

服务器型号为 RP43200 弹性资源配置平台，2U 四节点服务器产品，采用 Intel 高性能芯片组，支持 IntelE5-2620V2 系列处理器，每节点最多支持内存容量 512GB，每个节点支持 3 块热插拔 3.5 寸 /2.5 寸硬盘，可灵活扩展半高的 PCI-E 设备，提供了先进的管理功能和存储技术，具有可靠的扩充性和可用性。

其中每个节点配备 2 颗 IntelXeonE5-2620v2，4 条 16GDDR3 内存，2T10K12 GbSAS 硬盘。

8.3　云终端

云终端是基于服务器虚拟化的云计算解决方案的主要组成部分，用户可以通过云终端访问云平台中虚拟系统的桌面。云终端可以提供比普通 PC 更加安全可靠的使用环境，以及更低的功耗，更高的安全性，同时带给用户对成本的节省。

云终端架构有两种，一种是基于 Intel 架构的高性能云终端，一种是基于 ARM 的瘦客户机，其对应的详细参数如下：

（1）Intel 架构云终端

CPU 型号：IntelCeleron1037U1.8GHz 处理器

处理器系列：赛扬

核心 / 线程：双核、双线程

芯片组：IntelNM70

内存：DDR3/2G，支持 DDR3，2*DDR3DIMM 内存插槽，最大内存容量为 16GB

存储设备：SSD8G 固态硬盘，

网卡：板载 RedlrikRTL8111F-10/100 百兆网卡芯片

显示核心：集成 IntelHDGraphics（HD2000）

支持 DX10.1

支持 HDCP

最大共享内存容量 1759MB，全模式高清播放支持

3DAPI　　支持 DirectX11

功能参数：支持 Virtualization 虚拟化技术和 Hyper-Threading 超线程技术

（2）ARM 架构云终端

主板 CPU 平台：全志 A20

DRAM：2GDDRIII

NandFlash：4G

硬件接口：具有 10M/100M/1G 网口、具有音频输入 / 出接口、4 个 USB 接口，两个 USB 接口和 VGA、网卡接口一侧，两个 USB 接口在另外一侧。提供 SD 卡接口、USBTAG 接口。

操作系统：系统内核 2.6.28 内核以上版本，支持 linuxQT 系统、Android 以及 Ubuntu 系统。同时支持 HDMI-A 和 VGA，分辨率至少为（1024x768），支持 16，32 位真彩。

烧写方式：支持软关机和软启动、支持快速烧写，并提供烧写工具和方法（包含 USB 和 SD 卡两种方法）。支持串口调试。提供交叉编译工具和二次开发环境。

主板板层：小于等于六层，大于等于四层。

为了提升云终端视频图像的解码速率和每一帧画面的显示质量，综合对比两种架构的云终端，基于 Intel 架构的云终端更符合项目的应用需要，云终端硬件如图 8-2 所示。

图 8-2　云终端硬件

8.4　软拨号端

云终端的模式是使用瘦客户端作为登录系统的运行载体，适合于新机房的建设。如果对于老旧电脑进行机房改造，可以不必关心硬件配置，使用软拨号端系统，通过网络连接到云平台上创建的虚拟机系统即可（虚拟机系统包括 Windows、Ubuntu、MACOS 等）。

软拨号登录端和云终端登录端类似，如图 8-3 所示。当使用默认方式登录时，用户使用本地任何一台 PC，都能登录到云端固定的一台或者多台"云 PC"上。

当在不同的宿主机上使用"公有用户"登录时，每次使用的"云 PC"是不固定的，就像是在学校机房使用微机一样。

通过这种简单的方法，完全解决了低配置电脑无法运行高性能系统的问题。在很大程度上提高老旧电脑的重复利用率。并且软拨号端提供了多种用户模式登录，对单一客户实例可以同时提供多台虚拟系统，并对其进行统一管控。

图 8-3　软拨号登录端

8.5 系统运行环境

（1）平台软件环境，如表 8-1 所示

表 8-1　平台软件环境

对象	系统名称	版本
服务器操作系统	Ubuntu	16.04
客户机 Window 7 系统	Windows 7	Windows 7 旗舰版
客户机 XP 系统	Windows XP	Windows XPSP3
客户机 Ubuntu 系统	Ubuntu	16.04
客户机 RedHat 系统	RedHat	6.0
客户机 CentOS 系统	CentOS	7.0

（2）客户机系统软件配置，如表 8-2 所示

表 8-2　客户机系统软件配置

软件名称	备注
360 安全卫士	安全杀毒软件在虚拟化系统中正常运行
Office2017	Word、Excel、PPT 正常运行
WPS	WPS 套件软件正常运行
红蜘蛛屏幕广播	屏幕广播软件的特性能够体现
腾讯 QQ	聊天软件功能正常
JDK、Dreamweaver、Eclipse	教学编程软件正常使用

（3）硬件配置，如表 8-3 所示

表 8-3　服务器及云终端硬件配置

内容	数量	配置
服务器	两台 2U 刀片服务器 （4 节点）	两颗 12 核处理器，主频 ≥ 2.8GHz，内存：128GB，硬盘：2 块 240GBSSD+2 块 2T10K12GbSAS 硬盘
云终端	20 台 X3700M 云终端	处理器：1037U 双核 cpu 主频 1.8GHz，支持双线程 存储：2GDDR Ⅲ内存、8GSSD 接口：100M/1000M 自适应网口、VGA 接口、HDMI 接口、USB2.0 接口、音频接口 视频：支持 wmv、avi、mp4、mkv 等多种格式，支持 720P、1080P 高清，流畅播放 1080P，最高 40 帧 / 秒 功耗：小于 25W

第九章 结论

9.1 总结

桌面虚拟化是云计算对传统 PC 革命的核心代表，把普通 PC 以虚拟机的方式放置在数据中心的服务器上配置运行。

本文基于 KVM 的桌面云服务端 I/O 虚拟化解决方案从分析桌面虚拟化的基本架构入手，研究虚拟化技术，桌面云服务器架构和网络架构，深入研究了内核级虚拟化管理 Module KVM，借助于虚拟化软件 QEMU，Libvirt 虚拟化环境管理 API，给出了桌面云 I/O 虚拟化的设计方案，并对虚拟机的性能进行了分析，同时也对桌面云服务器集群上的虚拟机动态迁移进行了分析研究。本文还探索一种适合桌面云的服务器架构和物理配置，研究桌面云动态迁移策略以实现节点服务器之间的负载均衡。还对桌面云的网络传输协议进行研究，以便进行安全，高效，可靠的远程数据传输。

最后实现了桌面云服务端管理系统，对 Libvirt 进行二次开发，设计实现具备虚拟桌面的创建、删除、监控等功能为一体的虚拟云桌面管理系统平台，完成虚拟桌面的创建、配置、监听和分配等功能，并在高性能计算集群上进行部署、安装虚拟机镜像，完成桌面云的快速安装与构建。

桌面虚拟化管理系统主要完成对虚拟桌面的管理和调度，虚拟桌面迁移，资源池物理集群运行情况监控，系统网络环境监控，统计监控，连接管理，安全控制等功能。

基于桌面虚拟化技术，用户可以在任何时间、任何地点使用终端设备，通过网络获取属于自己的桌面环境。这项技术能够降低互联网公司的运营成本，同时还具有占用资源少，可快速部署，易于维护等多项优点，有助于推动互联网公司的长期发展。

9.2　未来的发展趋势和应用

云计算技术是近几年非常火热的计算机技术之一，而桌面虚拟化技术是云计算中一个重要的方面，通过桌面虚拟化技术，用户可以在任何时间、任何地点使用终端设备，通过网络获取属于用户自己的桌面环境。SPICE 协议是红帽在虚拟化领域除了 KVM 的又一"新兴技术"，它提供与虚拟桌面设备的远程交互实现。目前，SPICE 主要目标是为 KVM 虚拟机提供高质量的远程桌面访问，它致力于克服传统虚拟桌面的一些弊端，并且强调用户体验。

虚拟化技术能够降低互联网公司的运营成本，推动互联网公司的长期发展。基于 KVM 的虚拟化桌面云有很多的优点：

（1）桌面云平台减少了大量后期的运维成本。虚拟化技术使桌面部署的时间极大缩短，网管可轻松维护 1000 台以上终端和虚拟桌面。

（2）桌面云平台节省机房空间。由于云终端占地少，耗电量少，云终端在节省大量的电力成本的同时，也可以解决传统机房建设中因强电负载不足而带来的配电改造的问题。

（3）桌面云平台节省设备维修费用。瘦客户机零部件极少，损坏更换的概率极低，使用周期延长，可降低设备更新的周期和成本。

本文分析研究基于 KVM 的虚拟化实现原理和实施框架，SPICE 桌面虚拟化架构，借助 Libvirt 虚拟化管理平台，研究桌面虚拟化的虚拟化资源池及其管理平台，具有非常大的理论研究价值和实际应用意义。

随着云计算和电子商务的迅猛发展，企业信息化的规模和终端数量都给 IT 部门提出了更高的要求。另一方面，针对各高等院校的实训实验室，规模化标准化的管理也会降低资源和管理成本。通过实施虚拟化技术，搭建虚拟化桌面云平台，能够为公司及企业节省大量的运营成本，为高等院校的实验室建设节省大量的资金成本，推动了各公司企业及高等院校的长期稳健发展，也推动了 KVM 虚拟化技术的迅速发展。

因此，借助云计算的势头，桌面虚拟化以云桌面或者云终端的方式将会获得快速发展，桌面云有非常良好的市场发展前景。

参考文献

[1] FosterI, ZhaoY, RaicuI, etal. Cloud computing and grid computing 360-degree compared[C]. Grid Computing Environments Workshop, 2008.GCE'08.IEEE, 2008: 1-10.

[2] 中国信息通信研究院 (工业和信息化部电信研究院). 云计算白皮书 (2016).http: // www.caict.ac.cn/kxyj/ qwfb/bps/201608/P020160831394946370040.pdf.

[3] LaiG, SongH, LinX. A Service Based Lightweight Desktop Virtualization System[C]// Service Sciences(ICSS), 2010 International Conferenceon.IEEE, 2010: 277-282.

[4] 黄志成 . 开源云计算 OpenStack 在高校计算机机房中的应用研究 [J]. 计算机与现代化 , 2013(3): 204-206.

[5] 付印金 , 肖侬 , 刘芳 , 鲍先强 . 基于重复数据删除的虚拟桌面存储优化技术 [J]. 计算机研究与发展 , 2012, S1: 125-130.

[6] 张荣高 . 基于 VMwareView 实验桌面云 [J]. 计算机与现代化 , 2013(10): 177-178.

[7] Su M J, Choi W H, Kim W Y. Client Rendering Method for Desktop Virtualization Services[J]. Etri Journal, 2013, 35(2): 348-351.

[8] 刘艳霞 , 周东华 , 郑羽 . 基于 XenDesktop 桌面虚拟化网络平台的研究 [J]. 计算机时代 , 2011(6): 14-15.

[9] Aditya S, Katti S. FlexCast: graceful wireless video streaming[C]. International Conference on Mobile Computing and NETWORKING. ACM, 2011: 277-288.

[10] Arnold J. Openstack swift: Using, administering, and developing for swift object storage. California: O'Reilly Media, Inc, 2014: 1~28.

[11] 张增 . 基于 SPICE 协议流媒体关键技术研究 [D] 南京邮电大学 , 2013.

[12] 乔闹 , 邹北骥 , 邓磊 . 一种基于图像融合的含噪图像边缘检测方法 [J]. 光电子 . 激光 , 2012, 33(11): 2215-2220.

[13] 李敏 . 高分辨率合成孔径雷达图像高速公路检测法 [J]. 计算机应用 , 2011, 31(7): 1825–1828.

[14] 高翔 , 梁志伟 , 徐国政 . 基于 Hough 空间的移动机器人全局定位算法 [J]. 电子测量与仪器学报 , 2012, 26(6): 484–490.

[15] 周激流 , 詹晓倩 , 何坤 . 基于统计估计的图像边缘检测 [J]. 沈阳工业大学学报 , 2011, 32(6): 665–671.

[16] 张健 , 何坤 , 郑秀清 . 基于蚁群优化的图像边缘检测算法 [J]. 计算机工程 , 2011, 37(17): 191–193.

[17] 李敏花 , 柏猛 . 基于蚁群优化算法的复杂背景图像文字检测方法 [J]. 计算机应用 , 2011, 31(7): 1844–1846.

[18] 李俊山 , 马颖 , 赵方舟 . 改进的 Canny 图像边缘检测算法 [J]. 光子学报 , 2011, 40(1): 50–54.

[19] 张志龙 , 杨卫平 , 李吉成 . 一种基于蚁群优化的显著边缘检测算法 [J]. 电子与信息学报 , 2014, 36(9): 2061 –2067.

[20] Marjan Kuchaki Rafsanjani, Zahra Asghari Varzaneh.Edge detection in digital images using Ant Colony Optimization [J].Computer Science Journal of Moldova, 2015, 23(3): 343–360.

[21] Shih M Y, Tseng D C. Wavelet–based multi resolution edge detection and tracking[J]. Image and Vision Computing, 2015, 23(4): 441–451.

[22] C.A. Waldspurger, Memory Resource Management in VMware ESX Server, In OSDI '02: Proceedings of the 5th Symposium on Operating Systems Design and Implementation, 2002: 181~194.

[23] F. Xu, Liu F, Jin H, et al. Managing performance overhead of virtual machines in cloud computing: A survey, state of the art, and future directions[J]. Proceedings of the IEEE, 2014, 102(1): 11–31.

[24] J. O. Gutierrez–Garcia, A. Ramirez–Nafarrate. Collaborative agents for distributed load management in cloud data centers using live migration of virtual machines[J]. IEEE Transactions on Service Computing, 2015, 8(6): 916–929.

[25] N. J. Kansal, I. Chana. Energy–aware virtual machine migration for cloud computing–a cirefly optimization approach[J]. Journal of Grid Computing, 2016, 14(2): 327–345.

[26] J. O. Gutierrez–Garcia, A. Ramirez–Nafarrate. Collaborative agents for distributed load

management in cloud data centers using live migration of virtual machines[J]. IEEE Transactions on Service Computing, 2015, 8(6): 916–929.

[27] 胡元元, 林浒, 李鸿彬. IaaS 云中最小迁移代价的虚拟机放置算法 [J]. 小型微型计算机系统, 2014, 35(4): 878–882.

[28] 王光波, 马自堂, 孙磊. 云环境下面向负载均衡的分布式虚拟机迁移研究 [J]. 计算机应用于软件, 2013, 30(10): 87–91.

[29] Z. Á. Mann. Multicore–aware virtual machine placement in cloud data centers[J]. IEEE Transactions on Computers, 2016, 65(11): 3357–3369.

[30] A. Beloglazov, R. Buyya. Optimal online deterministic algorithms and adaptive heuristics for energy and performance efficient dynamic consolidation of virtual machines in cloud data centers[J]. Concurrency and Computation: Practice and Experience, 2012, 24(13): 1397–1420.

[31] X. Wang, X. Wang, K. Zheng K, et al. Correlation–aware traffic consolidation for power optimization of data center networks[J]. IEEE Transactions on Parallel and Distributed Systems, 2016, 27(4): 992–1006.

[32] A. Beloglazov, J. Abawajy, R. Buyya. Energy–aware resource allocation heuristics for efficient management of data centers for cloud computing[J]. Future generation computer systems, 2012, 28(5): 755–768.

[33] Travostino F, Daspit P, Gommans L, et al. Seamless live migration of virtual machines over the MAN/WAN[J]. Future Generation Computer Systems, 2006, 22(8): 901–907.

[34] Watanabe H, Ohigashi T, Kondo T, et al. A Performance Improvement Method for the Global Live Migration of Virtual Machine with IP Mobility[J]. 2010.